水化学条件对离子型稀土矿浸出影响研究

王晓军　周凌波　黄成光　著

扫描二维码查看
本书部分彩图

北　京
冶金工业出版社
2023

内 容 简 介

　　本书以离子型稀土浸矿过程中的离子交换反应和矿体孔隙结构之间关联性为出发点，利用核磁共振技术、扫描电镜技术及能谱测试技术，全面介绍浸矿过程稀土矿体微观孔隙结构特征的观察方法和分析方法，同时通过大量室内浸矿试验得到了不同水化学条件下的稀土浸出率、浸出液的出液速率的详细规律，探讨浸出过程离子交换反应对矿体孔隙结构影响的微观机理。

　　本书汇集了作者近年来在不同水化学条件下离子型稀土的浸矿效率和矿体孔隙结构演化等多方面的研究工作和试验结果，可供地质、采矿、岩土和环境地质等专业科技工作者和大中专院校师生参考。

图书在版编目(CIP)数据

　　水化学条件对离子型稀土矿浸出影响研究/王晓军，周凌波，黄成光著 . —北京：冶金工业出版社，2023.3
　　ISBN 978-7-5024-9430-8

　　Ⅰ.①水…　Ⅱ.①王…　②周…　③黄…　Ⅲ.①稀土矿物—分离—研究　Ⅳ.①TF845.03

　　中国国家版本馆 CIP 数据核字(2023)第 035133 号

水化学条件对离子型稀土矿浸出影响研究

出版发行	冶金工业出版社	**电　　话**	(010)64027926
地　　址	北京市东城区嵩祝院北巷 39 号	**邮　　编**	100009
网　　址	www.mip1953.com	**电子信箱**	service@mip1953.com

责任编辑　王　双　美术编辑　吕欣童　版式设计　郑小利
责任校对　范天娇　责任印制　禹　蕊
三河市双峰印刷装订有限公司印刷
2023 年 3 月第 1 版，2023 年 3 月第 1 次印刷
710mm×1000mm　1/16；8.5 印张；163 千字；126 页
定价 66.00 元

投稿电话　(010)64027932　投稿信箱　tougao@cnmip.com.cn
营销中心电话　(010)64044283
冶金工业出版社天猫旗舰店　yjgycbs.tmall.com
(本书如有印装质量问题，本社营销中心负责退换)

前　　言

　　离子型稀土矿是我国少数特色优势矿种之一，该资源是以中重稀土元素为主，具有配分齐全和综合利用价值大等突出优点，主要分布于江西、福建、广东、云南、湖南、广西、浙江等地区。离子型稀土矿不是以独立的矿物形式存在，主要是以水合或羟基水合阳离子形式吸附于黏土类矿物表面，可经化学和生物作用解离出稀土离子。目前离子型稀土矿的采矿技术已从池浸、堆浸发展到原地浸出技术；提取工艺已从氯化钠浸出-草酸沉淀稀土发展到常用的硫酸铵浸出-碳酸氢铵富集稀土，再到目前正在工业化试验验证的硫酸镁浸出-氧化镁调浆富集稀土。原地浸出技术是在不需要开挖地表的情况下，利用注液孔将一定量的电解质溶液不间断地注入稀土矿体，通过离子交换作用将稀土离子交换到溶液中，再由导流孔流出，集液沟汇集到母液池，最后经过水冶车间的除杂、沉淀过程后回收稀土元素。

　　在开采过程中，离子型稀土矿的稀土浸出率及浸矿液的渗透效果是衡量稀土浸出效率的关键指标。离子型稀土浸出过程涉及两个相互耦合又相互影响的过程，即离子交换反应过程及溶液的物理渗流过程。浸矿过程中的不同水化学条件包括浸矿液阳离子价态、溶液浓度（也可表示为溶液离子强度）、溶液 pH 值、浸矿环境温度、稀土本身含水率，以及浸矿过程的水动力条件等，都会影响离子置换反应发生程度及稀土离子的浸出率。并且随着注液的持续进行，此时矿体内部的酸碱性环境也会发生改变，进一步会对稀土的浸出率产生影响，同时也会使浸矿母体的渗流通道（孔径、孔喉道）发生新的变化，形成次生孔隙结构，并且随着置换过程的持续进行，次生孔隙结构也在不断演化，影响了浸矿液的渗透运移特性。因此，就必须研究浸矿液中阳离子价态、溶液离子强度和溶液的 pH 值对稀土矿体内部离子交换过程的影响，以发现浸矿阳离子和稀土离子置换过程的内在规律，同时对离子型稀土浸出过程中浸矿液离子交换对稀土矿体微观结构进行研究，才能判明离子置换作用过程矿体孔隙结构的动态演化，发现有利于浸矿液渗流运移和有利于改善稀土浸出效果的最优的价态阳离子、最优的离子强度及最优的 pH 值，为改进浸矿技术和提升浸矿效率提供基础研究依据，从而有效解决原地浸矿存在的技术难题和安全隐患，推动原地浸析采矿法的经济、高效和安全运行。

为此，本书以离子型稀土浸矿过程中的离子交换反应和矿体孔隙结构之间关联性为出发点，利用核磁共振技术、扫描电镜技术及能谱测试技术，全面介绍浸矿过程稀土矿体微观孔隙结构特征的观察方法和分析方法，同时通过大量室内浸矿试验得到不同水化学条件下的稀土浸出率、浸出液的出液速率的详细规律，探讨浸出过程离子交换反应对矿体孔隙结构影响的微观机理。本书共分为 6 章，第 1 章主要综述本书内容、意义，以及有关离子型稀土矿浸矿过程浸出率和渗透特性的国内外科研进展；第 2 章介绍离子型稀土取样的方法、室内实验室原矿物理参数测定方法、室内模拟柱浸试验方法，以及试验仪器装置和分析试剂、重塑柱体稀土试样的方法以满足柱浸试验要求；第 3~5 章分别介绍阳离子价态、浸矿液浓度和 pH 值对稀土浸出过程的影响，包括浸矿液阳离子与稀土离子置换全过程及稀土矿体的孔隙结构演化特征；第 6 章比较了不同水化学条件下浸取过程中稀土矿体内部微细颗粒运移和微结构的差异性，并对试样的孔隙结构演化规律进行匹配分析，最后结合双电层和 DLVO 理论解释试样孔隙结构分布的差异和试样内部微细颗粒的沉积与释放行为的机理。本书中部分彩色图片可扫描二维码查看。

本书涉及的科研项目得到江西省杰出青年人才资助计划项目（项目号：20192BCBL23010）、国家自然科学基金面上项目（项目号：51874148 和 52174113）、江西省"双千计划"科技创新高端人才项目（项目号：JXSQ2019201043）和江西省青年井冈学者奖励计划（项目号：QNJG2018051）的共同资助，在此表示衷心的感谢。

由于作者学术水平和时间所限，书中不足之处，恳请读者给予批评指正。

作　者

2022 年 11 月于合肥

目　　录

1 绪 论

1.1 离子型稀土矿及开采工艺

1.1.1 稀土元素

自从 1794 年芬兰学者加多林（J. Gadolin）发现第一个稀土元素钇（Y）以来，稀土元素伴随着人类社会科学技术的进步，走过了 227 年的漫长历程[1]。在这长达 200 余年的社会和科学技术发展的历史中，随着人类对稀土的认识不断地深化，稀土元素对人类和社会所作出的贡献也越来越大，如今已经被列入国家战略资源序列。在漫长的稀土资源开发利用史上，稀土元素因其独特的物理化学性质，其应用得到了蓬勃发展，稀土元素在传统产业领域和高新技术产业越来越显示它的不可替代的作用和强大的生命力[2]。目前稀土元素广泛应用于农业、冶金、石油化工、玻璃、陶瓷、机械、军工和环境保护等领域[3,4]。同时稀土元素也是永磁、发光、储氢、催化、超导等功能材料不可缺少的功能元素，添加了稀土元素的新型功能材料已经是先进装备制造业、新能源和新兴产业等国防及高新技术产业的关键材料，因此称稀土元素为"工业维生素""工业黄金""新材料之母"[5-7]。

稀土元素（Rare Earth elements，REEs 或 RE）是 17 种元素的总称，由钪（Sc）、钇（Y）及 15 种镧系元素（Ln）组成，其中镧系元素又包括镧（La）、铈（Ce）、镨（Pr）、钕（Nd）、钷（Pm）、钐（Sm）、铕（Eu）、钆（Gd）、铽（Tb）、镝（Dy）、钬（Ho）、铒（Er）、铥（Tm）、镱（Yb）和镥（Lu）[8]。稀土元素有多种分组方法，目前最常用的有两种：

（1）两分法，根据稀土元素的物理化学性质的差异，将镧、铈、镨、钕、钷、钐、铕和钆称为轻稀土元素（或铈组），将铽、镝、钬、铒、铥、镱、镥、钪和钇称为重稀土组（或钇组）[9]。

（2）三分法，同样是根据稀土元素物理化学性质的相似性和差异性，除钪之外（有的将钪划归稀散元素），划分成三组，即轻稀土组为镧、铈、镨、钕、钷，中稀土组为钐、铕、钆、铽、镝，重稀土组为钬、铒、铥、镱、镥、钇[10]。

稀土元素的电子层结构像其他元素一样，其原子核外电子按元素周期律分布在原子核周围，稀土元素 4f 亚层轨道电子层未填充满，导致稀土元素的电子层能级交错，在钪失去 3d、4s 电子，钇失去 4d、5s 电子，镧以后的其他镧系元素失去 5d、6s 电子之后，稀土元素的电子分布均呈惰性气体的电子分布，因此稀土元素在化合物中主要价态为+3 价[11,12]。此外，根据稀土元素的电子层结构，稀土元素的原子半径和离子半径呈现出较强的规律性，钪、钇和镧系元素的离子半径均呈现逐渐变小的趋势；钪、钇和镧系元素的原子半径总体均呈现逐渐变小的趋势，但是镧系元素中的铕和镱的原子半径却明显增加，通过分析认为这是因为原子内 4f 电子分别达到半充满和全充满的稳定状态，对核电荷的屏蔽效应增加，致使最外层两个 6s 电子离核较远[13,14]。根据稀土元素独特的电子层结构，稀土元素的金属活泼性较其他元素的金属活泼性相比仅次于碱金属和碱土金属元素，稀土元素能与许多元素形成多种化合物，常见的化合物有：氧化物、氢氧化物、草酸盐、氟化物、硫酸盐、碳酸盐、氯化物、硝酸盐、磷酸盐等[15]。

1.1.2 世界稀土资源现状

稀土资源在地壳中的含量并不低，部分稀土元素的丰度甚至高于铜、锌等常见金属，但这些元素很少富集成可供开采的矿床，因此其查明资源较少，在全球的分布极不均衡，目前探明的稀土资源主要在中国、美国、澳大利亚、俄罗斯、印度、巴西、南非、加拿大等国家[16-20]。由于稀土资源分布的不均匀性、稀土矿勘探的困难性，以及统计周期和统计技术的各不相同，各个国家所统计到的数据会有所不同，据统计 2019 年和 2020 年世界稀土矿产量及储量见表 1.1，其中 2019 年世界稀土储量约为 1.2 亿吨，其中中国储量为 4400 万吨，约占全球稀土储量的 38%，位居世界第一[21]。

表 1.1 世界稀土矿产量与资源储量

国家	稀土（REO）矿产量/t		稀土（REO）资源储量/t	储量世界占比/%
	2019 年	2020 年		
中国	132000	140000	44000000	37.99
澳大利亚	20000	17000	4100000	3.54
巴西	710	1000	21000000	18.13
布隆迪	200	200	—	—
美国	28000	38000	1500000	1.30
缅甸	25000	30000	—	—
加拿大	—	—	830000	0.72
格陵兰	—	—	1500000	1.30

国家	稀土（REO）矿产量/t		稀土（REO）资源储量/t	储量世界占比/%
	2019 年	2020 年		
马达加斯加	4000	8000	—	—
南非	—	—	790000	0.68
坦桑尼亚	—	—	890000	0.77
泰国	1900	2000	—	—
越南	1300	1000	22000000	18.99
俄罗斯	2700	2700	12000000	10.36
印度	2900	—	6900000	5.96
其他国家	66	100	310000	0.27
合计	218776	240000	115820000	100

注：数据来源于美国地质调查局《2020 年矿产品摘要》，其中"—"表示没有统计到该数据。

中国：我国是全球第一稀土大国，我国的稀土储量居世界首位，约占全球稀土储量的38%。我国的稀土矿种和稀土元素配分齐全，稀土品位高，这为我国稀土产业的发展奠定了扎实的基础。我国的稀土资源主要赋存于内蒙古包头、四川冕宁及江西南部、广东、广西和福建等地，主要有内蒙古包头白云鄂博稀土矿、四川冕宁稀土矿、山东微山郗山稀土矿和江西赣南离子型稀土矿等。白云鄂博铁-铌-稀土矿床是中国乃至全球查明资源量最大的矿床，稀土资源储量为15932万吨，资源储量占全国总量的96%左右，该矿以轻稀土为主，98%以上为镧、铈、镨和钕4种元素，稀土矿的主要类型为氟碳铺矿与独居石，两种矿物比例为3∶1；四川冕宁稀土矿和微山稀土矿是组成相对简单的易选冶稀土矿，矿物均以氟碳铈矿为主，伴生有重晶石等；江西赣南离子型稀土矿是我国特有的一种新型稀土矿种，稀土元素以离子形式吸附在黏土矿物上，且以中重稀土元素为主，与国内外稀土工业矿物中的中重稀土元素相比高出4~20倍，目前全球70%以上重稀土都源自中国特有的南方离子型稀土矿，南方离子型稀土矿具有配分齐全、放射性低和附加价值高等特点，是一种易选冶的珍贵的稀土矿。

美国：美国是全球重要的稀土资源赋存地，稀土资源储量巨大，美国的稀土储量占世界稀土储量的10%左右，但是在2015年美国自身稀土矿物认定标准调整之后，其稀土储量占比调整为世界稀土储量的1.38%。美国的稀土资源主要分布在佛罗里达州、南卡罗来纳州、北卡罗来纳州、爱达荷州、蒙大拿州和佐治亚州等地，位于加利福尼亚州的圣贝迪诺县境内的芒廷帕斯矿（Mountain Pass）是世界上最大的单一氟碳铈矿，该矿品位高、资源储量大，平均品位高达 6.57%。在 20 世纪 60 年代中期至 80 年代是全球最重要的稀土供应地，后因种种原因关闭，2018 年第一季度，该矿复产，主要开采氟碳铈矿，截至目前，以轻稀土为主的 Mountain Pass 已查明的资源（REO）量为 207 万吨，轻稀土（La-Sm）氧化物占稀土氧化物总量的 99.54%，该矿被认为是中国在境外运营的最大轻稀土矿山之一。此外，美国位于怀俄明州的 Bear Lodge 矿床有 39 万吨的稀土矿，位于科罗拉多州的 Iron Hill 稀土矿床是美国估计资源量最大的矿床，但该矿勘查程度较低，其未被分类的稀土矿储量近千万吨，估计资源（REO）量为 969.6 万吨。

越南：越南稀土资源相当丰富，近几年一些较大型的稀土矿床在越南相继被发现，据统计越南稀土（REO）储量达 2200 万吨，占世界稀土储量的 19% 左右，越南的稀土矿物类型主要为独居石，在莱州、安沛、老街等北部山区省份均有分布。但是，由于越南国内稀土资源开发技术不强，加之矿山开采难度较大，越南的稀土资源的开发利用没有形成规模，目前只有莱州的一家与日本丰田的稀土合资公司在东宝矿区的氟碳铺矿区进行一些小规模、非系统性、季节性、非专业性的作业，计划每年向日本出口 4000t 稀土。

巴西：巴西是世界上最早开发稀土资源的国家之一，稀土资源（REO）储量相当可观，储量约为 2100 万吨，大约占世界总储量的 19%，稀土资源的主要类型为独居石，赋存在碳酸岩风化壳稀土矿床之上，主要位于巴西境内的东部沿海，该区域的稀土矿床从里约热内卢延伸到北部的福塔莱萨，矿区范围长达 643km。巴西的稀土资源开采潜力巨大，但矿山开采难度较大，目前生产规模较小。

俄罗斯：俄罗斯的稀土资源储量巨大，高达 1200 万~1800 万吨，占世界稀土储量的 10%~15%，主要稀土矿物为碱性岩中的磷灰石，稀土元素种类较为齐全，主要工业矿物类型为磷灰石、铈银钙钛矿和氟碳铈矿，主要分布于科拉半岛的伴生矿床和远东地区的 Tomtor 稀土矿。俄罗斯每年生产稀土氧化物和高纯稀土金属氧化物完全可保证国内市场和出口需求，实现其稀土工业的发展。

印度：印度的稀土储量占有世界稀土储量的 6% 左右，印度的稀土资源主要赋存于海滩冲积砂矿的独居石矿物中，独居石矿物含大约 58% 稀土氧化物，以轻稀土为主，92% 以上含有镧、铈、镨和钕四种元素。印度的稀土资源主要分布在安德拉邦、泰米尔纳德邦、奥里萨邦和喀拉拉邦等地，其中最大的矿床位于印度南部西海岸的特拉范科。据印度原子矿物勘探与研究理事会报告，印度独居石储量约为 1193 万吨，按照独居石约含 58%（REO）计算，印度稀土（REO）资源量约有 692 万吨，但是印度的独居石资源中含有高达 8% 的 ThO_2，一定程度上阻碍了印度稀土资源的有效开发和利用。印度唯一经过许可处理稀土矿的企业是印度政府企业印度稀土公司，该公司的主要产品有混合氯化稀土（年产能 1.1 万吨）、磷酸三钠（年产能 1.35 万吨）和硝酸钍（年产能 150 万吨）等。

澳大利亚：澳大利亚的稀土（REO）储量约为 400 万吨，约占世界稀土储量的 3%，同时，澳大利亚具有大量的尚无经济开采价值的稀土资源量。澳大利亚的稀土矿物主要赋存在重矿砂矿床中的独居石中，大部分从生产金红石、锆英石和钛铁矿的副产品中加以回收，主要矿床包括韦尔德山碳酸岩风化壳稀土矿床和澳大利亚东、西海岸的砂矿床。此外，澳大利亚的稀土矿物还包括磷钇矿和位于昆士兰州中部艾萨山的采铀的尾矿。近年来，澳大利亚逐渐成为中国以外全球主要的稀土供应国。

其他国家：近几年在世界多个国家也发现了一些较大型的稀土矿床，这些国家的稀土资源量也都在 100 万吨以上，有的甚至达到了上千万吨，逐渐构成了世界稀土资源的主体。加拿大境内独立的稀土矿床较少，拥有的稀土（REO）资源储量约为 83 万吨，主要从铀矿生产活动和海滨砂矿中对稀土进行提取回收，主要来源于安大略省布莱恩德里弗—埃利特湖地区的铀矿；格陵兰的稀土资源很多正处于勘探之中，已探明的位于格陵兰岛西南部可凡湾（Kvanefjeld）的伊犁马萨克杂岩体（Ilimaussaqcomplex）稀土（REO）矿探明资源量为 215t，且重稀土所占比例较大，正在勘探的可凡湾稀土（REO）矿的总资源远景可达 619t；南非是非洲地区最重要的稀土生产国，具有丰富的稀土资源，主要赋存在富集磷钙土的重矿砂矿床及碳酸岩侵入岩中，主要组分为独居石和磷灰石；马来西亚的稀土矿物为独居石、铌钇矿和磷钇矿，主要从锡矿的尾矿中回收，曾一度是世界重稀土和钇的主要来源。

1.1.3 离子型稀土矿

1969 年底至 1970 年初，江西省地质局 908 地质调查大队在江西省龙南县发现了"不成矿"的离子相稀土矿床，并将该稀土矿床所在区域命名为"701 矿区"[22]。在当时的历史条件和技术水平下，对稀土矿床的评价是以矿床内矿物相稀土的多少来衡量某个矿床的工业开采价值，而对于"701 矿区"内不呈矿物相的离子相形态稀土资源缺乏专业的认识，即使该类矿床内不呈矿物相矿物形态的稀土资源丰富，但是由于该矿床的矿物相稀土矿物含量太低，因此仍然认为该类稀土矿产自然资源没有工业开采价值，从而导致该类稀土资源无法得到充分的利用。如何开发利用这种不呈矿物相的离子相稀土资源成了当时科技界亟待解决的重大技术难题。1970 年 10 月，908 地质调查大队将此种稀土矿物的研究工作委托给江西有色冶金研究所（现赣州有色冶金研究所有限公司，以下简称赣研所），开启了这种新类型稀土资源的开发利用的科技攻关，逐步揭开了"不成矿"的离子相稀土矿床的真面目。

离子（吸附）型稀土矿是因稀土元素以离子态吸附于黏土矿物表面而得名，又被称为风化壳淋积型稀土矿，主要分布在我国南方地区的江西、广东、广西、云南、福建和浙江等省（自治区）[23,24]。离子型稀土矿床的成因及稀土存在形态归结于多因素的内外共同作用，其原矿岩石种类一般是侵入岩浆型花岗岩或喷出性火山岩，在中温中热的亚热带气候、地表水渗淋的协同影响下，原岩中出现了物理风化、化学腐蚀和微生物侵蚀等现象，母岩种的硅铝矿物遭到破坏，逐渐演变成如高岭石、蒙脱石、埃洛石等黏土矿物，与此同时原岩矿物中的稀土元素大量转变为风化壳中呈离子相的稀土离子，吸附在以高岭土为主的黏土矿物表面上[25]。此外，原岩风化壳是属于对外开放的系统，在大气压力和重力共同作用下，呈离子相的稀土离子随着地下水向下运移，地表的稀土总量下降，稀土离子在风化壳下部吸附富集形成矿床。在上述现象持续进行的同时，地壳上升运动也在持续进行着，这就导致了风化壳下部的稀土离子富集成矿的同时又使富矿部位不断接近地表[26]。

离子型稀土矿分类方法多种多样，根据不同的划分标准及稀土矿呈现出来的不同特征可将其划分为不同类型的稀土矿，即使是同类型的稀土矿在稀土元素配分上或是渗透性上均可能存在一定的差异，随着探矿范围的扩大和科学技术水平的提高，人们对稀土矿的成矿特征和机理认识也逐渐的深入。离子型稀土矿按照不同的分类条件可分为多种类型[27-29]。

第一种是按照离子型稀土矿体赋存关系和成因分类，可将离子型稀土矿划分为 4 种类型：（1）全复式风化壳-完全型矿体类型。这类矿体的基岩无出露，且基本由全风化壳覆盖，并且矿体与风化壳在水平方向走向基本一致。（2）全复式风化壳-部分型矿体类型。这类矿体的特征与类型（1）基本一致，唯一的区别就是其矿体只是风化壳区的一部分，另一部分不存在矿体。（3）裸脚式风化壳-完全型矿体类型。这类矿体的特征与类型（1）基本一致，唯一的区别在于这类矿体的含稀土母岩体在山脚部位呈现基岩裸露带。（4）裸脚式风化壳-部分型矿体类型。这类矿体的特征与类型（1）基本一致，唯一的区别在于这类矿体的矿体分布小于风化壳区范围。

第二种分类方法是根据离子型稀土矿体中离子相的稀土元素的配分特点进行分类，可将离子型稀土矿划分为 3 种类型：（1）轻稀土型稀土矿，其特征是富镧少铈或者高铈富镧。（2）中重稀土型稀土矿，其特征是中钇富铕。（3）重稀土型稀土矿，其特征是富有的稀土元素主要是重稀土元素，代表元素有钇、铽、镝，重稀土元素含量可达 90% 左右。

第三种分类方法是根据离子型稀土矿体的成矿母岩进行划分，可分为 3 种类型：（1）花岗岩风化壳型稀土矿，其特征是此类矿床是由花岗岩风化而成，具有稳定的风化层、稀土品位在平面上变化不大、稀土配分齐全、矿体颗粒粗细均匀和渗透性能较好的特点。（2）杂岩体分化壳型稀土矿，其特征是此类矿床是由不同种类、不同时期形成的岩体风化而成的，并且由于原岩特征、含矿属性和岩体风化蚀变的差异，导致矿体稀土元素品位变化复杂、矿石级配不均匀和矿体不同区域的渗透性差异较大。（3）凝灰岩风化壳型稀土矿，其特征是此类矿床是由凝灰岩风化形成，矿石颗粒较细、渗透性差，稀土离子主要富集在风化裂隙面上，而且矿床的稀土配分是以轻稀土为主。

第四种分类方法是根据离子型稀土矿体中稀土元素富集位置进行划分，可分为 5 种类型：（1）风化壳上部富集型稀土矿；（2）风化壳中部富集型稀土矿；（3）风化壳下部富集型稀土矿；（4）风化壳交错富集型稀土矿；（5）风化壳均衡分布型稀土矿。

离子型稀土矿的全相稀土品位大致为 0.05%～0.3%。稀土元素的存在形式有 4 种[30]，主要包括：（1）离子相稀土，此类稀土元素是指吸附在黏土矿物表面上的水合或羟基水合的稀土离子，一般情况下其含量占有全相稀土的 80% 左右，这类稀土离子的化学性质稳定，在天然水中不会发生水解等反应，但是当遇到化学性质比其活泼的 NH_4^+、Mg^{2+}、Al^{3+} 等离子时，会发生离子交换反应，将其从黏土矿物表面上交换下来，基于此，可采用盐类电解质溶液淋洗的方式进行提取此类稀土资源。（2）水溶相稀土，此类稀土元素是指溶解在水中的游离态稀土离子，一般只占全相稀土的 0.1‰ 以下，可采用去离子水淋洗的方式提取此类稀土资源。（3）矿物相稀土，此类稀土元素是指以稀土化合物形式参与矿物晶格，或者以类质同晶置换形式分散于造岩矿物中的这部分稀土，种类有独立矿物相和类质同象两类，一般占全相稀土的 10% 左右，此类稀土资源的提取可先采用过氧化钠和氢氧化钠熔融焙烧，再结合盐酸酸化溶解的方式回收此类稀土资源。（4）胶态沉积相稀土，此类稀土元素是指以稀土氢氧化物或稀土氧化物胶体形式沉积在矿物上的稀土及通过配位作用而被专性吸附的稀土，一般占全相稀土的 5% 左右，此类稀土资源的回收可采用化学的方法提取，例如采用 0.5mol/L 盐酸羟胺和高浓度盐酸溶液。

1.1.4 离子型稀土矿开采工艺发展

自 20 世纪 70 年代以来，伴随着离子型稀土的神秘面纱慢慢被揭开，南方离子型稀土以其显著的优势异军崛起，迅速地占据了国内外市场，从而促进了如何高效开采此类稀土资源，同时伴随着科学研究逐步深入，稀土的开采工艺也在不断地发展，经历了池浸、堆浸和原地浸矿三个发展阶段。

离子型稀土的开采工艺的第一个发展阶段是池浸法开采稀土，本质上是异地提取稀土资源，池浸工艺流程图如图 1.1 所示[24,28]。池浸工艺的主要技术过程为：首先将矿山表土层剥离，露天开挖含矿的土体搬运到浸矿池内，然后将一定

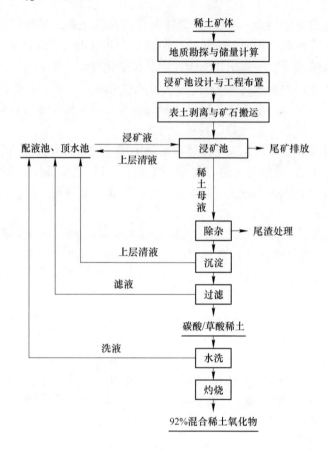

图 1.1 池浸工艺流程图

浓度的电解质溶液（氯化钠或硫酸铵溶液）作为浸取溶液加入浸矿池中，溶液中的阳离子对黏土矿物表面吸附的离子相稀土元素发生交换反应，再加入清水作为顶水，获得稀土母液，母液经管道或输液沟流入集液池或母液池，利用水位差进入到沉淀池中，之后在沉淀池中加入除杂剂、沉淀剂（草酸或碳酸氢铵等），去除母液中的部分杂质离子，获得草酸稀土或碳酸氢铵稀土，最后再经过滤洗涤及灼烧后，获混合稀土氧化物（达标要求：REO≥92%）。含矿土体在淋洗结束之后，尾矿需要从浸矿池中清出，转移到指定的尾矿库中集中堆放，与此同时，池中的上层清液需经处理后，可再次返回浸矿池，作配置浸矿液的溶液重复利用。池浸法是最早广泛应用的一种大规模工业开采稀土资源的方法，随着工业化的生产，该方法一些非常尖锐和突出的问题也逐渐显现出来。正如其主要工艺流程的要求，"剥离表土层""露天开挖含土矿山体""搬运矿石""异地浸取""浸矿后尾矿异地排放"等，为了得到最后符合要求的产品，其中的过程就是一个"搬山运动"，浸矿前需要将含矿土体搬运到浸矿池，浸矿结束后，又需要将尾矿搬运到指定堆排的地点。据统计，1200~2000t 矿石中才能得到 1t 的混合稀土氧化物，同时还产生 1200~2000t 的尾矿，接近 1 亩（1 亩 = 666.67m²）的土地面临着沙漠化问题，池浸工艺开采稀土资源使矿区面临着水土保持功能丧失、地表植被荡然无存、农田和土地沙漠化等问题，矿区的生态系统严重遭到破坏。此外，采用池浸工艺开采稀土资源，有两个重要因素导致稀土资源利用率低、浪费极大。其一，针对部分的半风化矿体、未风化含矿矿体、品位较低或开采的困难矿体，往往将其丢弃或暂时不开采；其二，为便于矿石的采、运及尾砂的排放、降低成本和节省投资，许多矿点将浸矿池建在矿体的中下部，而浸矿池下部的山体也是含有稀土资源的，这将导致严重的"压矿"现象，因此这些矿石更加难以开采。鉴于池浸工艺尖锐和突出的环保和资源浪费问题，2003 年起禁止稀土矿山使用池浸工艺开采稀土资源。

20 世纪 90 年代初，为了充分利用资源同时减少采矿初期的基建投资成本、降低采、运成本等，在池浸工艺的基础上研发了第二代开采工艺——堆浸法，主要工艺流程图如图 1.2 所示[24,28]。堆浸法的主要技术过程为：首先是堆浸场的

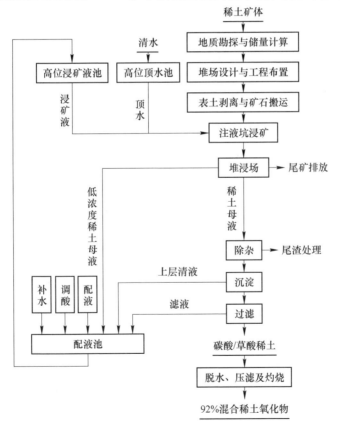

图 1.2 堆浸工艺流程图

选址和建设，在离采场附近合适的位置建设堆浸场，堆浸场应该选择在采场较近的不含矿的山谷、山坡或是平地上，堆浸场要求要有 3%~5% 的坡度，采用挖掘机和推土机对堆浸场的底部进行清理和压实之后，堆浸场底部要做防渗处理，可采用聚乙烯塑料薄膜、橡胶板或是铺油毛毡等，要求防渗层能够不漏液和承受住矿堆的压力，再在堆浸场周围布置好集液沟、排洪沟和集液池等收液工程；其次就是矿石的剥、采、运、浸，采用机械合理的剥离表土，开挖矿体，用装土车将矿土运送到事前筑好的堆浸场内，装好一定量的矿土之后，将堆浸场表面压实，开挖注液坑，注入 1%~2% 的硫酸铵溶液，经过溶液的自然渗透，NH_4^+ 交换出稀土离子，稀土母液在堆浸场底部的集液池汇集，再经渠道流至母液中转池，通过水泵将稀土母液抽送到水冶车间的除杂池进行除杂处理。堆浸场浸出结束后，将堆浸场内的尾矿搬运至尾矿坝，原来的堆浸场可再次进行堆矿浸出。堆浸工艺应用的基础条件较简单，主要是要求稀土矿山附近具有能满足剥离的表土堆放和建设浸矿堆浸场的场地，堆浸法开采稀土资源的主要工艺过程与池浸工艺在原理上是相似的，不足之处及对环境的破坏基本是一致的，与池浸法相比，采用堆浸法开采稀土资源，能够实现多阶梯作业，就地建设堆浸场，堆浸场可根据设计的处理量变大变小，随采随迁，避免了由压矿和弃矿等造成的资源浪费。同时，矿堆高度可根据矿物特性调整，液固比得到有效控制，降低浸取剂单耗，浸出液稀土浓度相对较高，特别是针对低品位的稀土矿有良好的浸出效果。总体来说，其资源处理量、资源利用率、资源回收率和浸出液稀土浓度有显著的提高，开采和运输成本有显著的降低。但是，堆浸工艺没有从根本上改变采矿时对植被破坏的"搬山运动"，每生产 1t 混合稀土氧化物的同时还产生大量的尾矿和剥离的表土，这会对矿区植被系统造成严重的破坏，同时还伴随着水土流失等突出问题，严重威胁矿区的生态平衡，国家为进一步加强稀土行业的生态环境保护，2011 年颁布实施的《稀土工业污染物排放标准》，明确了稀土制度，禁止采用堆浸开采离子型稀土矿。

基于上述背景，池浸工艺和堆浸工艺均被明令禁止，"八五"国家科技攻关期间，在赣研所老一辈科技工作者的共同努力下，离子型稀土资源的开采工艺迎来了第二个"里程碑"——原地浸矿工艺，同时也标志着离子型稀土资源的开发利用技术水平上升了一个新的台阶[31,32]。

原地浸矿工艺的技术思路的发展与变化历经了十年的时间，早期真正意义上的第一次探索性试验是通过在现场人工开挖出一个圆柱形原生矿体，然后在矿体顶部开挖注液孔、矿体的周围布置切槽，最后通过注液孔注液、切槽收液来达到原地浸出的目的，浸矿剂仍然采用硫酸铵溶液。结果表明原地注液、原地浸出及原地收液的技术设想是可行的，通过这种方法也能达到回收稀土资源的目的。众多科技工作者进行了离子型稀土矿原地浸矿工艺优化研究，开展了原地浸矿工艺工业试验，首先形成了以"网井布液、静压渗浸、负压封底、综合收液"为核心内容的原地浸出新工艺基本技术路线。通过大量的工业实践，进一步巩固和完善原地浸矿工艺技术并改进优化，发展成了以"网井（沟槽）注液、静压渗浸、综合控边、自流收液"为核心内容的基本技术路线。如前文 1.1.3 小节所述，根据离子型稀土矿体赋存关系和成因分类可将其分为 4 种不同的矿床类型，不同类型的稀土矿床所适应的原地浸矿工艺是不尽相同的，原地浸矿工艺的发展进一步针对"分散型矿体""不均质矿体""渗透性差矿体"等 3 种具有代表性的复杂类型离子型稀土矿进行了工业试验，进一步对浸矿工艺参数进行了优化，同时完善了密集导流孔人工矿体底板工艺技术，相关的专用设备及其配套设备得到了研发。综上所述，在经历几代科技工作者的共同的艰苦努力后，形成了如图 1.3 所示的工艺流程图[24,28]。具体来说，原地浸矿的工艺流程为：一是现场调研所圈定的稀土矿块，对矿区内的资源分布情况、水文地质条件以及现存的水冶车间的现状进行初步的摸底；二是生产勘探，采用地形剖面探矿法，结合现有的地质资料和补充勘探结果对矿点的离子相的稀土资源进行储量计算；三是矿块的划分与

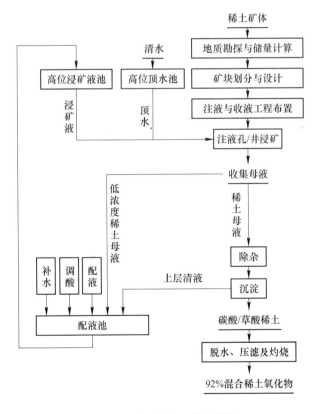

图 1.3　原地浸矿工艺流程图

设计，在达到 B 级勘探精度的基础上对矿点进行划分与设计；四是工程布置，原地浸矿工艺开采稀土资源的矿山工程包括注液井、收液巷道、导流孔、集液沟、母液收集池及环保回收井、环保监测井等，具体的布置方式及参数可采用类比法参考地质条件类似的矿山和相关的规程；五是除杂和沉淀，工业母液流入集液池或母液池，然后进入沉淀池，再对沉淀池中工业母液进行除杂、沉淀处理，得草酸稀土（或碳酸稀土），其后续工艺同第一代工艺，同时，为了节约水资源和成本，低品位母液和沉淀池中的上清液（余液）经处理后，返回作浸矿或顶水使用；六是通过脱水、压滤及灼烧等工艺制备成 92% 的混合稀土氧化物，这部分工艺属于冶金工程领域内的研究范畴。

1.2　国内外研究现状综述

1.2.1　原地浸矿工艺存在的主要问题

离子吸附型稀土是我国少数优势特色矿种之一，该资源最早于 1969 年在我国赣州龙南县发现，其特点是主要为中重稀土元素，而且具有配分齐全、附加值高、综合利用价值大等优点。稀土元素于新能源、新材料等高科技发展不可或缺，在航天航空、国防军工等现代高技术产业领域具有广泛的应用价值，因此得到了广泛的关注[33-35]。稀土元素主要赋存在高岭土、伊利石等黏土矿物表面，可通过化学和生物作用解析出稀土离子，围绕这一矿产资源的科学开发，众多科技研究者早已开展了很多的研究工作，包括成矿的机理、采矿工艺及分离提纯等[36-38]。目前稀土的开采通常采用原地浸矿技术，稀土矿中的稀土阳离子被浸矿液中的阳离子置换出来，最后从收集的稀土母液中提取所需要的稀土资源。即在不开挖表土的前提下，将浸矿液注入矿体，溶液中的阳离子将吸附在黏土表面的稀土离子置换下来，形成稀土母液，进而从母液中提取稀土[39-41]。离子吸附型稀土的开采正向高效、绿色、安全的精细化与信息化发展。通过调查研究发现，原地浸矿虽然保护了地表，降低了开采成本，但是由于浸矿液在复杂的山体中的强风化层渗流，诸多因素影响着浸矿液与稀土离子交换和稀土母液回收，致使该工艺在推广过程中存在不少问题，集中体现为以下两点：其一，调查统计我国南方离子型稀土矿采用原地浸矿方法回收稀土元素的回收率普遍偏低。一方面是矿体复杂的区域地质条件导致的，例如矿体本身剥蚀严重、风化壳及其发育，以及矿体底板未知裂隙等；另一方面是对于浸矿液在矿体内部渗流过程规律分析研究不足，布置注液孔和设计注液方式具有一定的盲目性，影响了浸矿液在矿体内部充分渗流和浸矿液中的阳离子与稀土离子充分反应，致使在后续的复灌过程依然可以回收 20%~30% 的稀土资源量。其二，自堆浸工艺发展到原地浸矿工艺开采稀土矿以来，都是采用以硫酸铵为溶质的浸矿液使其中的 NH_4^+ 与矿土中的稀土离子进行离子交换反应，根据所采矿块的矿石体积来计算总注液量，一般情况下矿石量与浸矿液的固液比（体积比）设定为 1∶0.33，再按 1.0%～2.0%的硫酸铵浓度，计算出硫酸铵消耗量，具体用量根据生产的情况确定。此外，由于各地稀土矿山土壤性质、稀土品位都不尽相同，当浸矿剂使用过量时，不仅会提高矿山的生产成本，而且将会导致矿山氨氮超标，稀土尾水中的氨氮远远达不到排放的标准。其三，在采用原地浸矿方式回收稀土资源会导致稀土矿体强度弱化从而发生山体滑坡，造成次生地质灾害。其直接原因是注液过程中土体孔隙通道不顺畅，浸矿液滞留在矿体内部形成涡流，在持续注液压力的作用下，矿体内部孔隙压力逐步增大，稀土矿体承受的剪切强度超过了其能够承受的最大抗剪强度，从而引发山体滑坡。由此可见，原地浸矿工艺的技术难题与浸矿液在矿体内部渗流过程息息相关。换而言之，就是浸矿液在稀土矿体中的全面良好运移渗透一直以来都是原地浸矿成功推广的关键所在。

1.2.2 离子型稀土浸矿回收研究现状

在如何提高稀土浸出率的问题上，众多科技工作者做了很多有益的工作。黄万抚等人[42]通过对风化程度各异的稀土层进行室内浸出试验，试验采用 $(NH_4)_2SO_4$ 作为浸矿剂进行浸出试验，通过研究不同浸矿条件参数（包括：浸取剂 pH 值、浓度、流速和液固比），对稀土离子及杂质铝浸出的影响，并提出可通过降低浸取剂 pH 值、增加浓度、降低流速、增加液固比，来提高半风化层稀土浸出效果。刘剑等人[43]采用不同质量浓度的硫酸铵开展柱内淋浸试验，分析了不同浓度硫酸铵的浸矿有效时间及浸出液中稀土离子含量等浸矿效果。杨幼明等人[44]利用硫酸铵作为浸矿剂，研究了浸矿过程中稀土离子、浸矿液及各类杂质的浸出规律。在离子型稀土浸出过程，各离子之间的相互作用会产生静电作用，当浸取剂的浓度增大时，强化了离子之间的静电作用，使得稀土的浸出受阻；当其浓度处在较小的范围内，此时稀土的浸出效果在于浸取剂对应的金属阳离子的吸附黏土颗粒的能力，且相较于氯离子，硫酸根离子会更加有助于稀土浸出[45]。王莉等人[46]通过化学的角度来分析稀土的浸出过程，利用不同浓度的硫酸盐和氯盐进行浸矿，同时结合离子相互作用理论对浸矿结果分析，得到了在浸矿剂低浓度时，浸出效果与阳离的活性成正比，且硫酸根离子比氯离子有更强的助浸作用，当浸矿剂浓度增加时，反而抑制会稀土的浸出，且此时硫酸根离子与高价态阳离子的配合作用显著，严重影响稀土离子的浸出。肖燕飞等人[47]采用某些新型的表面活性剂作为稀土浸出的助推剂，其浓度一般在 0.01～0.15mol/L，对离子型稀土矿浸取过程中微细颗粒的水化膨胀和迁移能起到一定的抑制作用。He 等人[48]研究了解离子型稀土矿中稀土和铝的浸出过程，得出在一定范围内提高铵根离子浓度能强化浸出传质过程。李慧等人[49]采用多种铵盐溶液为复合浸矿剂，通过试验发现提高复合浸矿剂中硝酸铵和氯化铵的浓度可以使矿物颗粒的膨胀程度降低，当采用尿素替代复合剂中的硫酸铵时，得出在稀土浸矿过程中复合浸矿剂对稀土矿物颗粒具有协调共同抑制膨胀的效果。李永绣等人[50]对现有的原地浸出开采工艺上提出了分阶段浸矿的工艺，在浸矿前一阶段采用较低固液比的 $(NH_4)_2SO_4$ 作为浸矿剂，在后一阶段浸取稀土矿时便采用弱酸性的 $(NH_4)_2SO_4$ 或者其他阳离子盐溶液浸矿剂，通过这样的两个阶段的浸出过程来降低铵根离子在矿体内部微细颗粒表面的赋存量，从而达到无铵或者少铵浸矿的要求。肖燕飞等人[51]则认为可以在稀土浸出过程中的前一阶段先不向浸矿剂中添加助浸剂进行浸矿，后一阶段再向浸矿剂中添加助浸剂增强其浸出效果，以达到用较低的浸矿剂量来得到稀土的较高浸出率。管新地等人[52]通过静态吸附和动态吸附试验，研究了不同影响因素对 001×8 树脂吸附稀土浸出液中稀土及杂质的影响，得出当 pH = 3.5 时对稀土的吸附效果最佳，并且随着温度的升高而增大，同时增大稀释的倍数及降低液体流速都对吸附稀土和除去杂质起到促进作用。王超等人[53]通过室内硫酸镁/硫酸铵浸矿试验，对不同品位的离子型稀土的浸出过程进行研究，认为品位高的离子型的浸出率最大时所消耗的浸矿剂的量更少且存在黏土层时硫酸镁作为浸矿剂所受的抑制作用更为突出。胡智等人[54]采用室内柱浸试验，利用复合镁盐对离子吸附型稀土开展浸矿试验，得到了当摩尔浓度 $MgCl_2 : Mg(NO_3)_2 = 4 : 6$ 时稀土的浸出效果最佳，且在强酸环境下会加强杂质铝的浸出，对后期的除杂会造成一定的困难。刘楚凡等人[55]对当前离子型稀土矿渗流和传质的研究进行了分析，同时总结了强化渗流和传质过程的方法，认为当前应继续探索浸矿剂在浸矿过程中的有效渗流扩散规律及发现强化传质的高效规律。陈奂等人[56]在研究了钒钛磁铁矿尾矿中回收利用稀土的浸出规律，通过设置相应的浸出试验，从 pH 值、温度、酸类和反应时间等 4 个因素探讨尾矿稀土元素的浸出规律，认为 pH 值和酸类对稀土浸出的影响更为明显，而另外两个因素则对稀土浸出的影响较小。许秋华等人[57]在铵盐浸矿体系下讨论了 pH 值对稀土浸出以及铝等主要杂质的影响，主要开展了杯浸和柱浸试验，得到在 pH 值较低的范围内，降低溶液的 pH 值使稀土和钙镁离子的浸出率明显提高，而继续降低 pH 值，此时稀土的浸出率几乎不改变，却加强了其他杂质的浸出，为此根据试验结果提出了稀土的分阶段法浸出，并同时使用石灰水进行护尾以确保稀土的浸出率及尾矿的安全性。

1.2.3 浸出过程微细颗粒运移研究现状

原地浸矿工艺中，大量的浸矿液注入矿体后，发生强烈的离子置换反应致使矿体物理力学特性及化学特性发生改变，从而引起稀土矿体孔隙结构发生改变[58]。同时，浸矿前后矿体各个矿层的矿物组分显著不同，矿体颗粒级配也存在着很大的不同，浸矿过程中复杂的离子置换反应及土体化学环境的多样性均会影响稀土矿体的孔隙结构[59]。在开采过程中，矿体的渗透性和浸矿效果受到诸多因素的影响，颗粒级配就是其中的关键因素之一，不同的颗粒级配的稀土矿体其渗透效果也不尽相同[60]。尹升华等人[61]通过室内模拟浸矿试验，分析了不同颗粒级配下，稀土矿体的渗透性与渗流效果，认为在孔隙比较小时，稀土矿体内部溶液黏滞现象明显，反之随着孔隙比的增大，溶液渗透效果显著提高。而且稀土矿中的黏土矿物含有大量的伊利石和蒙脱石，浸矿过程中其遇水极易膨胀和分散，持续的浸矿过程使稀土矿体处在非饱和状态和饱和状态之间交替循环，其间还涉及剧烈的离子交换反应，离子置换反应产生的附加作用也将导致矿体孔隙结构发生改变[62,63]。在原地浸出过程中，水不涉及化学置换反应，稀土颗粒的矿物成分及含量几乎不发生任何变化，只是颗粒在流体的带动作用下发生了相对错动，并且随着注入浸矿液体积的增加，水的渗流作用会对颗粒的滞留产生显著的影响，颗粒会更深地运移到稀土矿体中[64-66]。黄群群[67]研究了稀土微颗粒运移对土体渗透性的影响，认为微颗粒运移过程增长了浸矿液的渗流稳定时间、增大了液体渗流及流量变化程度。吴爱祥等人[68]研究发现在浸出过程中，当水力梯度增大到能够使得松散颗粒运动时，孔隙受到堵塞或由于颗粒的沉积而使得矿体底部渗透性变差，影响溶液渗流。Hajra等人[69]研究了土体渗滤过程中渗透液离子强度对土体中矿物颗粒黏聚、迁移以及对土体渗透性的影响，发现离子交换的结果将导致黏粒表面结合水膜厚度增大，水膜厚度的增加使黏粒体积增大，在溶液渗流作用下，容易使黏粒运移，影响稀土矿体的孔隙结构。徐杰等人[70]以高岭-蒙脱混合黏土为研究对象，对比了微观和宏观土体渗透特性，探究了土体在渗透过程中孔隙结构变化规律，并从微观和宏观角度建立了土体渗透各向异性模型。影响多孔介质中微细颗粒的沉积和释放过程的因素很多，包括稀土矿体物理特性、浸矿液性质（离子强度、pH值等）、渗流速度及微细颗粒本身的特性等[71-73]。当其中的任一因素发生改变时，微细颗粒的存在方式也会随之发生改变，此刻微细颗粒就会表现出不同的行为，比如吸附、解析、聚合、运移等，而且这些过程往往是交替或是同时进行[74-77]。而微观土体颗粒的迁移作用将会进一步引发稀土矿体孔隙结构发生改变，并且随着离子置换过程的持续进行，矿体中的微细颗粒在化学交换引发的环境中不断迁徙移动，也会造成次生孔隙结构不断演化，影响了浸矿液的渗透运移特性和矿体稳定性。国内外诸多学者对多孔介质中微细颗粒运移的影响研究集中在岩土工程领域。薛传成等人[78]通过室内土柱试验研究了不同温度和pH值下，悬浮颗粒渗透运移过程规律，在单一因素的影响下温度的升高有助于悬浮颗粒的渗透过程，pH值的增大有助于悬浮颗粒的释放过程。因此，不同酸碱条件下，微细颗粒的沉积释放过程及多孔介质的渗透特征均表现各异，并且两者之间相互影响，在中性和碱性条件下，微细颗粒易于发生运移，此时多孔介质的渗透特性变化较小，反之在酸性条件下，微细颗粒的沉积过程明显，从而引起多孔介质的渗透性变差[79]。Benamar等人[80]通过在色谱柱中加入示踪剂及悬浮颗粒，发现不同悬浮颗粒在多孔介质中的迁移和沉积特性受到渗流速率的影响，一方面渗流速率的变化显著影响颗粒的相关运移参数；

另一方面在渗流速率较大的情况下示踪剂的迁移速率要小于悬浮颗粒的迁移速率。此外，悬浮颗粒的粒径和渗流速率的耦合作用对其迁移和沉积过程也有重要的影响。在相同粒径的前提下，悬浮颗粒的迁移量随着渗流速率的增大而增加，相应的沉积颗粒却随着减小，其次在渗流速率保持一致时，流出液中悬浮颗粒的量随着其粒径的增大而减小[81]。杜丽娜等人[82]通过研究不同粒级配比的砂质多孔介质中土壤颗粒的迁移规律，发现土壤颗粒的迁移受到多孔介质的结构影响。多孔介质的结构对土壤颗粒的截留作用起主导作用，具体表现为随着多孔介质中粗砂比的增大，土壤颗粒截留比逐渐降低。此外，多孔介质中溶液的离子强度是影响微细颗粒沉积和迁移的重要因素之一，微细颗粒的行为过程对孔隙水的离子强度的变化极为敏感[83]。李海明等人[84]研究了不同钠吸附比下胶体颗粒和示踪剂的穿透曲线，两者之间存在临界孔隙体积数，临界孔隙体积数随着溶液离子强度越高而减小，即胶体在多孔介质中的迁移受到抑制。吕俊佳等人[85]研究了不同环境条件下多孔介质中胶体颗粒运移过程也得到了类似的结论：黑土胶体的运移过程受到溶液离子强度和地下水中的溶质的影响，同时两者也是影响地下水中胶体运移过程的重要影响因子，溶液离子强度增大使得胶体的运移能力降低。

1.2.4 岩土孔隙结构无损检测研究现状

近年来，随着世界科学技术高速发展，显微 CT 技术、核磁共振技术，以及 SEM 扫描电镜技术的日益成熟，国内外诸多科技工作者结合以上技术对土体微观结构特征进行研究。Munkholm 等人[86]使用高分辨率 CT 扫描仪对未受干扰的田间潮湿土壤的孔隙结构特征进行量化，发现孔隙率、每立方厘米的结数和表面积之间有着显著相关性。Zhou[87]和杨保华[88]等人通过显微 CT 技术研究了浸矿前后矿石颗粒间微观孔隙结构变化规律，并且设计相关 MATLAB 程序分析了浸矿前后矿体孔隙结构特性和矿石颗粒大小，通过对图像就行处理计算了孔隙大小分布，得到了其几何形态和连通性。Ju 等人[89]通过采集 12 个典型土壤类型的原状土柱，即风沙土、浅暗黄绵土、黄绵土和娄土，用于 X 光计算机断层扫描图像的多重分形分析，得到土壤性质参数、多重分形特征及土壤大孔隙形态和连通性特征之间的相关性最显著（$p<0.05$ 或 0.01），考虑到大孔隙特征与多重分形参数之间的联系，大孔隙连通性参数通常优于形态学参数，大孔隙的数量是影响其孔隙结构更为复杂的关键参数。张宏等人[90]采用 SEM 扫描电镜技术分析了软黏土在不同固结压力下孔隙结构参数的变化特征，并定量化研究了图像展现的结构单元体，建立了土体孔隙结构参数与荷载作用的相关性。Gylland 等人[91]结合光学显微镜、扫描电镜技术及显微 CT 技术实现了土样 2D 和 3D 微观图像可视化处理，通过对比分析，土样在发生剪切时，与剪切面平行的断面中的孔隙数量减小并且明显的特征是土体颗粒发生了重新定位。杨爱武[92]和雷华阳[93]等人利用微观定量法研究了软土在蠕变试验后土样的颗粒与孔隙参数变化特性，探讨了软土

在颗粒定向性、平均孔径、平均孔隙体积及比表面积等方面的微观变化规律，从微观角度揭示了加速蠕变机理。Wang 等人[94,95]设计了室内饱和柱浸试验，利用核磁共振技术测试得到稀土试样孔隙半径分布规律，探讨了稀土矿体在渗流和化学共同作用下试样孔隙结构变化规律及矿体的渗透特征。Zhao 等人[96]基于核磁共振技术利用自主研发的柱浸试验装置进行了室内试验，获得了试样浸矿过程稀土浸出量、孔隙结构动态演化、不同孔径孔隙数量占比及整体孔隙率与浸矿次数的关系。刘勇健等人[97]借助核磁共振技术探讨了软土剪切行为的微观机制，通过对原状土和三轴试验后土样进行核磁共振试验，得到了软土的孔隙大小、孔径分布和孔隙结构参数变化特征与其剪切特性之间的关系。

综上所述，国内外众多学者针对如何强化稀土浸出提高稀土浸出率做了很多有益的科研工作，同时在土体（多孔介质）孔隙结构及其内部微细颗粒（胶体）迁移规律方面也做了大量的研究，研究内容涉及宏观性质及微观结构，在测试手段方面结合了多种先进的科学技术进行研究，包括显微 CT 技术、核磁共振技术及 SEM 扫描电镜技术等。针对强化稀土浸出提高稀土浸出率的研究涉及浸取剂种类、pH 值、浓度、流速和液固比等方面；针对离子型稀土浸矿过程浸矿液的渗透规律以及稀土矿体孔隙结构的影响主要集中在稀土矿体的初始结构参数和固液两相耦合作用的研究，包括稀土矿体颗粒级配、原生孔隙结构，以及物理渗透等方面的关联性研究。但是在诸多研究中，一方面忽略了浸矿过程中阳离子与稀土离子发生强烈的离子置换作用引发的次生孔隙结构，以及浸矿液离子间价态的差别、土体的表面性质、土体的含水率、溶液水动力条件、溶液离子强度、溶液 pH 值等因素的影响，并且随着置换过程的持续进行，次生孔隙结构也在不断演化，影响了浸矿液的渗透运移特性；另一方面，忽略了在稀土离子置换反应过程离子间相互作用时浸矿液离子强度对稀土离子置换影响及溶液 pH 值对稀土离子置换反应的影响。离子型稀土浸出伴随着大量的离子交换反应，此时浸矿离子强度、浸矿液 pH 值、环境温度、稀土本身含水率、浸矿剂水动力条件等因素都会影响离子置换反应发生程度及稀土离子的浸出效果，并且随着注液的持续进行，此时矿体内部的酸碱性环境也会发生改变，容易导致离子置换过程发生反吸附发生。此外，在不同的浸出条件下，稀土矿体孔隙结构的改变及微细颗粒的迁移过程会影响浸矿液的渗流效果，进一步影响稀土元素的浸出率，与此同时稀土矿体在溶液的渗流作用下稳定性极差，影响稀土矿边坡的稳定性，最后导致滑坡等安全事故。

1.3　本书主要内容

1.3.1　主要研究内容

离子型稀土矿的稀土浸出率及浸矿液的渗透效果是衡量稀土浸出效率的关键

指标。在离子型稀土浸出过程中，涉及两个相互耦合又相互影响的过程，即离子交换反应过程和溶液的物理渗流过程。在浸矿过程中浸矿液阳离子价态、溶液浓度（也可表示为溶液离子强度）、溶液 pH 值、浸矿环境温度、稀土本身含水率及浸矿过程的水动力条件等因素都会影响离子置换反应发生程度及稀土离子的浸出率，并且随着注液的持续进行，此时矿体内部的酸碱性环境也会发生改变，进一步会对稀土的浸出产生影响，同时也会使浸矿母体的渗流通道（孔径、孔喉道）发生新的变化，形成次生孔隙结构，并且随着置换过程的持续进行，次生孔隙结构也在不断演化，影响了浸矿液的渗透运移特性。因此，必须研究浸矿液中阳离子价态、溶液离子强度和溶液的 pH 值对稀土矿体内部离子交换过程的影响，进一步发现浸矿阳离子和稀土离子置换过程的内在规律，同时对离子型稀土浸出过程中浸矿液离子交换对稀土矿体微观结构进行研究，才能判明离子置换作用过程矿体孔隙结构的动态演化，发现有利于浸矿液渗流运移和有利于改善稀土浸出效果的最优的价态阳离子、最优的离子强度及最优的 pH 值，为改进浸矿工艺和提升浸矿效果提供基础研究依据，从而有效解决原地浸矿存在的技术难题和安全隐患，推动原地浸析采矿法的经济、高效和安全运行。

为此，本书以离子型稀土浸矿过程中的离子交换反应和矿体孔隙结构之间关联性为出发点，结合核磁共振技术、扫描电镜技术及能谱测试技术，全面介绍了离子型稀土浸矿过程中稀土矿体微观孔隙结构特征的观察方法和分析方法，详细对比分析了不同水化学条件下的稀土浸出率、浸出液的出液速率及浸出过程离子交换反应对矿体孔隙结构影响的微观机理。本书内容主要包括以下 5 个方面：

（1）离子型稀土矿取样及实验室分析方法。主要介绍离子型稀土取样的方法、室内实验室原矿物理参数测定方法、室内模拟柱浸试验方法，以及本研究所用的仪器设备和分析试剂。离子型稀土矿取样包括原状土的取用及试验所需土样的取用；原矿物理参数测定包括原矿密度、孔隙率、含水率的测试方法和测试结果，原状稀土试样颗粒粒径及级配，试样中稀土元素的种类、总量及配分；室内模拟柱浸试验则是模拟稀土矿山的原地浸出过程，在此基础上，为满足柱浸试验要求，探讨了重塑柱体稀土试样的方法，测试了重塑稀土试样的物理参数并与原状土样的物理参数进行对比。

（2）不同水化学条件对稀土浸出的影响分析。研究不同水化学条件下离子置换过程对稀土矿体孔隙结构的影响，必须针对浸矿中离子交换的全过程进行分析。本次研究拟通过现场获取稀土矿体原矿，根据其物理特性重塑稀土试样，首先配置不同价态阳离子浸矿溶液（NH_4^+、Mg^{2+}、Al^{3+}，阴离子均为 SO_4^{2-}）在饱和条件下分别进行室内模拟柱浸试验，分析等时间段内所收集浸出液中的稀土离子含量。通过对比分析在相同浸矿条件下，各组试验浸出液的渗流速度，得到浸矿有效时间，并计算浸矿有效时间内稀土母液稀土离子含量，量化浸出稀土离子含量与浸矿频次的关系，识别离子置换全过程，得到有利于稀土浸出效率的最优阳离子价态。其次，以该价态下的硫酸盐为溶质配置不同摩尔浓度的浸矿液再次进行饱和条件下的室内模拟柱浸试验，综合考虑稀土浸出效率，得到有利于稀土浸出的最优的离子强度。最后以最优的离子强度的溶液为基础，采用稀硫酸溶液调节其 pH 值，研究浸矿液 pH 值对浸矿离子交换过程的影响，最终得到有利于提高稀土浸出效率的最佳浸矿条件。

（3）不同水化学条件下稀土矿体孔隙结构演化规律分析。根据原地浸矿工艺过程，在浸取液持续渗流作用下，离子置换过程由上往下逐层下移，垂直延伸方向上的稀土矿体经过单纯渗透、渗透＋置换、单纯渗透的顺序作用，矿体微观孔隙结构也一定存在空间演化过程。本项目拟设计室内模拟浸矿试验，在有效浸矿时间内，分别以不同价态阳离子浸矿液、不同摩尔浓度和 pH 值的浸矿液进行淋洗稀土试样，间隔相等时间取各浸矿剂浸矿试样测试微观孔隙结构，重点研究离子置换空间段孔隙结构（包含孔径分布、孔喉、孔隙率等）的不同之处。通过对不同水化学条件下稀土浸出的研究得到的不同浸矿条件下浸矿液中的阳离子消耗量及稀土离子浸出量等，以浸矿时间为统一变量，建立离子价态、浸矿液摩尔浓度、浸矿液 pH 值、离子浸出量和孔隙率三者之间的量化关系。

（4）不同水化学条件稀土矿体内部微细颗粒运移规律。浸取剂在稀土矿体中的渗透涉及物理渗透和化学置换两个耦合作用的过程，这一过程导致矿体中的大量微细颗粒吸附和解析。结合对不同水化学条件下稀土浸出的试验结果，设计平行柱浸试验并利用岩土结构分析仪对试样进行扫描，将反演图像进行横、纵剖面投影显示，得到浸矿过程中试样孔隙结构反演图像，从而比较不同浸出条件下浸取过程中稀土矿体内部微细颗粒运移的差异性，与试样的孔隙结构演化规律进行匹配分析。

（5）不同水化学条件下稀土矿体孔隙结构占比差异与微观形貌分析。根据核磁共振试验测试得到试样的孔隙结构分布规律进行结果统计，实现差异量化，选取试样孔隙结构反演图像出现异常的部位，采用 MLA650F 型场发射电镜扫描仪和能谱仪进行试样的微观晶体形态观察及成分分析，阐释离子交换过程试样中微细颗粒沉积与释放行为，最终结合双电层和 DLVO 理论解释试样孔隙结构分布的差异和试样内部微细颗粒的沉积与释放行为的机理，为稀土矿在原地浸矿过程中控制矿体稳定性及高效开发提供新理论和新思路。

1.3.2 技术路线图

本书通过开展室内模拟柱浸试验、分析不同浸矿阳离子价态、不同浸矿液浓度及不同 pH 值浸矿液对离子吸附型稀土浸矿效果影响规律，同时进行试样的孔隙结构测试试验、试样微观形貌观察试验及能谱测试试验，结合离子相互作用理论、双电层理论和 DLVO 理论等相关理论讨论不同水化学条件对浸矿过程中稀土矿体孔隙结构演化规律的影响和机理，具体技术路线如图 1.4 所示。

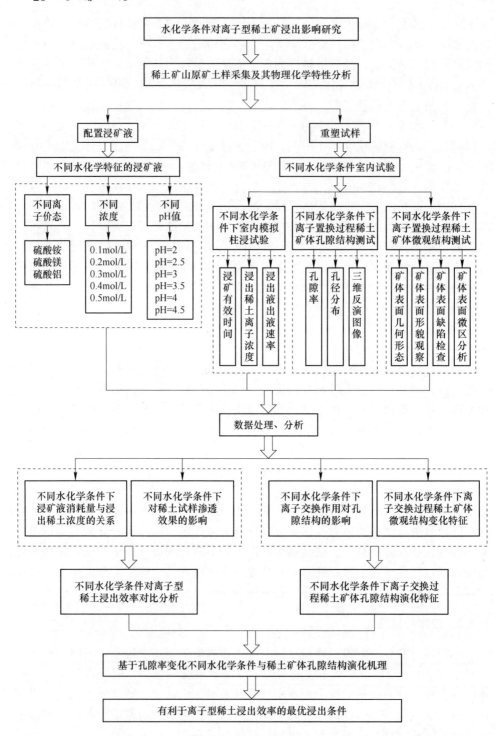

图 1.4 技术路线图

2　离子型稀土矿取样及实验室分析方法

2.1　离子型稀土矿原料

2.1.1　离子型稀土矿样品采集

2.1.1.1　取样器取样法

传统机械钻机多采用回转冲击的方式，对风化状黏土体的破坏极大，难以获得完整的原状矿样。取样器取样法采用人工套芯取样的方式获取少量原状土，这部分原状土用于在实验室进行含水率、孔隙度及密度等相关物理参数的测试。具体实施方式为：首先，利用已经施工完成且通达矿体的注液井，将装置放入注液井，底部的取土器直接接触井底矿体；其次，旋转施力圆盘利用收集筒周边的圆弧状刀刃实现矿体的回转切割，使土体慢慢脱离原矿进入收集筒；再次，利用固定的 T 型板将桶内矿样慢慢推出，形成较为完整的圆柱状稀土试样；最后，为防止含水率变化，取样后及时用保鲜膜封装运回实验室。图 2.1 所示为自制的原状土取样器，图 2.2 所示为保鲜膜密封的原状土样。

图 2.1　自制原状土取样器　　　　　　图 2.2　保鲜膜密封的原状土样

2.1.1.2 原状粗胚取样法

在实际取样过程中，山体上覆多为具有一定厚度的腐殖层，且多有地表植被，难以找到直接裸露的稀土矿层，取样时需要开挖除去稀土矿体表面的腐殖层、地表植被及浮土层，尽可能获取具有代表性的稀土矿样用于试验研究。而且多数室内柱浸试验试样多采用重塑而成，稀土矿样用量较大，原状粗胚取样法适用于取大型原状柱体或者是取大量的稀土矿样。原状粗胚取样法，现场采样示意图如图2.3所示。首先在开挖除去稀土矿体表面的腐殖层、地表植被及浮土层，露出含矿层，在稀土矿体上开挖较大的粗胚，尺寸约为1m×1m×0.5m，其次沿周边用竹片和钢丝将矿样扎紧，在矿样底部小心掏槽，将薄木板小心插入矿样底部，将矿样取出，利用此法取出多块矿样粗胚后妥善保护运至实验室[98]。获取的原位稀土矿样后，自行风干处理并采用四分法混合均匀，按照土工试验规程取具有代表性的矿样用于测定该批次矿样的颗粒级配等物理参数，以及稀土元素配分、总量等参数。

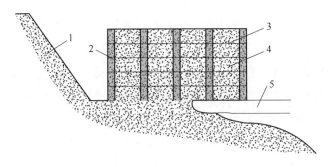

图2.3 现场采样示意图

1—风化矿层；2—竹片；3—铁丝；4—圆柱形矿样；5—矿样底部掏槽

2.1.2 离子型稀土矿物理性状与化学成分

本次研究所选用的稀土试样均取自赣南某离子型稀土矿山，取样方法包括上述的取样器取样法和原状粗胚取样法，获取土样之后按照土工试验规程中的测定方法测定了本批次试验用土的物理性状与化学成分，包括密度、容重、含水率、比重、颗粒级配以及稀土元素配分和含量等参数的测定，具体测试方法和计算结果如下。

2.1.2.1 原状土密度测定

从离子型稀土矿山采集的原状稀土表观颜色呈浅红色，总体呈现块状但极易碎裂，为此选用蜡封法进行原状稀土密度的测定。土体的密度 ρ 定义为单位体积内土体的质量，利用电子天平称量蜡封后的质量、蜡的质量以及排水的体积，由式（2.1）计算出原状土的密度。

$$\rho = \frac{m}{v} \tag{2.1}$$

式中，ρ 为土体的密度，g/cm^3；m 为土体的质量，g；v 为土体的体积，cm^3。通过测定计算原状稀土密度为 $1.75g/cm^3$，测试数据见表2.1。

表 2.1 原状土密度数据表

测试次数	土块质量/g	封蜡后土块质量/g	排水体积/cm³	封蜡体积/cm³	土块体积/cm³	密度/g·cm⁻³	平均值/g·cm⁻³
1	7.86	8.59	5.5	1	4.5	1.74	
2	9.04	9.68	6	1.1	4.9	1.84	
3	26.79	28.20	17	3	14	1.91	1.75
4	21.82	23.30	16	3	13	1.67	
5	29.82	32.75	22	5	17	1.75	

2.1.2.2 原状土容重

土体的容重又称为重度，其定义为单位体积所含土体的重量，其计算表达式如下：

$$\gamma \frac{W}{V} = \frac{mg}{v} = \rho g \tag{2.2}$$

式中，γ 为原状稀土的容重，kN/m^3；ρ 为原状稀土的密度，g/cm^3；g 为重力加速度，取 $g = 9.8m/s^2$。

根据蜡封法最终测得的原状稀土密度为 $1.75g/cm^3$，将其代入式（2.2），可计算出原状稀土的容重：

$$\gamma = \rho g = 1.75 \times 10^{-6} kg/m^3 \times 9.8m/s^2 = 1.715 \times 10^{-5} kN/m^3$$

2.1.2.3 原状稀土含水率测定

土体含水率 ω 的定义：自然情况下土体中含有水的质量同土的质量比值，表达式如下：

$$\omega = \frac{m_w}{m_s} \times 100\% \tag{2.3}$$

式中，m_s 为土颗粒的质量；m_w 为土体中水的质量。

此次试验采用烘干法对矿山取回的原状稀土的含水率进行测定。具体的操作步骤为：（1）用电子天平秤出放置在质量为 m_0 的称皿里的原状稀土质量，此时的秤皿和原状稀土的质量为 m_a；（2）将已称好的原状稀土连同秤皿一同放置在恒温烘箱内一起烘干，将烘箱内温度调整为 110℃，处理 24h，取出原状稀土称得原状稀土和称皿的质量为 m_b，则土体中水的质量 $m_w = m_a - m_b$，稀土质量 $m_s = m_b - m_0$，此时原状稀土的含水率表示为

$$\omega = \frac{m_a - m_b}{m_b - m_0} \times 100\% \tag{2.4}$$

具体的测试数据见表 2.2，经过多次试验并计算其平均值，最终得出该批次原状稀土的含水率为 12.3%。

表 2.2   原状稀土含水率

测量次数	烘干前原状稀土与称皿总质量/g	烘干后原状稀土与称皿总质量/g	稀土原矿中水的质量/g	称皿质量/g	烘干后原状稀土质量/g	稀土原矿含水率/%	含水平均值/%
1	291.2	273.7	17.5	121.6	152.1	11.5	
2	281.7	266.3	15.4	120.8	145.5	10.6	
3	232.7	221.5	11.2	119.1	102.4	10.9	
4	215.9	203.7	12.1	113.6	90.1	13.4	
5	269.4	254.4	15.0	113.7	140.7	10.6	12.3
6	302.1	281.9	20.2	116.7	165.2	12.2	
7	396.4	369.3	27.1	138.2	231.1	11.7	
8	352.6	332.2	20.4	185.4	146.8	13.8	
9	178.1	171.0	7.1	121.6	49.4	14.4	
10	188.8	180.6	8.2	120.8	59.8	13.7	

2.1.2.4   原状稀土比重测定

土体的比重通常采用 d_s 来表示，其定义为土壤密度同温度为 4℃ 时水的密度的比值。根据其基本概念，此次采用比重瓶法对其密度进行测定，具体的测试步骤为：（1）称量盛满去离子水的比重瓶质量记为 m_1，（2）称取烘干后的稀土质量记为 m_2，（3）将烘干后的稀土装至比重瓶中并盛满去离子水，称量此时盛满去离子水和烘干稀土后的比重瓶质量记为 m_3。此时原状稀土的比重计算式为

$$d_s = \frac{m_2}{m_1 - m_2 - m_3} \times 100\% \qquad (2.5)$$

经过 5 次的测量并计算测试数据的平均值，最终确定原状稀土的比重为 2.68。具体的测试数据见表 2.3。

表 2.3 原状稀土比重测量

测量次数	盛满去离子水的比重瓶质量 m_1/g	烘干后的稀土质量 m_2/g	盛满去离子水和烘干稀土后的比重瓶质量 m_3/g	原状稀土比重	比重平均值
1	125.28	5.65	128.75	2.59	
2	120.87	5.61	124.28	2.55	
3	120.74	5.46	123.76	2.55	2.68
4	125.35	5.62	129.03	2.89	
5	124.25	5.72	127.94	2.82	

2.1.2.5 原状稀土颗粒级配测试

原状稀土的颗粒级配是土体一项非常重要的物理性质，颗粒级配会影响土体的孔隙组成、浸矿液在土体的渗流等。本书采用筛分法进行测定，取 500g 原状稀土进行筛分试验。筛网根据筛孔大小叠加，由上往下孔径逐渐减小，将原状稀土放入振动筛中进行筛分，待筛选结束后分别称量各孔径筛网上的原状稀土质量。根据式（2.6）可以得出原状稀土的颗粒级配组成，试验数据见表 2.4，同时得到原矿颗粒粒径分布累积曲线，如图 2.4 所示。

$$X = \frac{m_i}{m} \qquad (2.6)$$

式中，m_i 为某粒径对应的稀土质量（$i = 1, 2, 3, 4, \cdots, 8$）；$m$ 为稀土总的质量。

表 2.4 原状稀土的颗粒级配

粒径/mm	≥5	<5	<2	<1	<0.5	<0.25	<0.1	<0.075
百分含量/%	2.51	97.49	90.64	70.21	63.64	42.35	24.58	14.97

根据测试数据分析可以得出，粒径主要小于 2mm，其中稀土原矿的不均匀系数 C_u 为 10.44>1，曲率系数 C_c 为 0.93<1，可认为本次研究所取稀土原矿为不良级配。

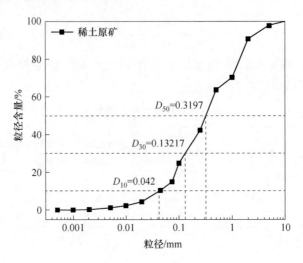

图 2.4 原矿颗粒粒径分布累积曲线

2.1.2.6 离子型稀土 XRF 分析结果

在离子型稀土的原地浸出过程中，浸出液中会掺杂着许多杂质离子，对稀土离子的提纯会造成一定的影响，因此测定其化学元素组成及相应含量有着实际意义。将原状稀土碾磨成粉末状，测定其含有的化学元素成分，测定设备采用 Axios max 型 X 射线荧光光谱仪。结果见表 2.5。从表 2.5 可以看出，本次稀土原矿中的主要组成元素占比超过了 99%，包括 Al、Si、K 和 Fe 四种元素，微量元素则包括 Na、Mg、S、Mn、Rb 和 Pb 等，稀土元素只检测出 Y。由于本次测定的元素含量是以其氧化物的形式，因此在结果中没有氧元素。众所周知，离子型稀土的矿物成分主要含有黏土矿物、长石以及石英砂等，而黏土矿物达就占其 50% 以上，其中主要包括埃洛石和高岭石，同时存在极少量的蒙脱石，这些矿石的主要组成元素正是 O、Si、Al 和 K[99,100]。

表 2.5 离子型稀土的元素组成测定结果

元素	氧化物	含量/%			
		试样 1	试样 2	试样 3	平均值
Na	Na_2O	0.0174	0.114	0.133	0.088
Mg	MgO	0	0.053	0.053	0.035
Al	Al_2O_3	30.204	29.014	32.657	30.625
Si	SiO_2	62.101	62.359	60.192	61.551

元素	氧化物	含量/%			
		试样 1	试样 2	试样 3	平均值
P	P_2O_5	0.006	0.008	0.006	0.007
S	SO_3	0.022	0.025	0.028	0.025
Cl	Cl	0.013	0.008	0.012	0.011
K	K_2O	5.549	6.265	4.963	5.592
Ca	CaO	0.028	0.038	0.042	0.036
Ti	TiO_2	0.04	0.028	0.041	0.036
Cr	Cr_2O_3	0.012	0	0	0.004
Mn	MnO	0.082	0.112	0.085	0.093
Fe	Fe_2O_3	1.558	1.73	1.553	1.614
Cu	CuO	0	0	0.003	0.001
Zn	ZnO	0.013	0.018	0.016	0.016
Ga	Ga_2O_3	0.008	0.01	0.009	0.009
As	As_2O_3	0.008	0.01	0.012	0.010
Rb	Rb_2O	0.127	0.136	0.121	0.128
Sr	SrO	0	0	0.002	0.001
Y	Y_2O_3	0.025	0.031	0.031	0.029
Zr	ZrO_2	0.0008	0.008	0.007	0.005
Nb	Nb_2O_5	0	0.006	0.007	0.004
Pb	PbO	0.019	0.026	0.022	0.022
Th	ThO_2	0.003	0	0.002	0.002

2.1.2.7 离子型稀土 XRD 分析结果

将稀土原矿碾磨成粉末状，对稀土原矿和稀土浸出尾矿进行 XRD 物相分析，测定设备采用 Empyream 型 X 射线粉末衍射仪，测试结果如图 2.5 所示。通过对比 XRD 衍射标准谱数据库进行物相检索解谱可知，稀土原矿均以钾长石

（KAlSi$_3$O$_8$）、高岭石（AlSi$_2$O$_5$(OH)$_4$）和石英（SiO$_2$）为主。同时对稀土原矿的 XRD 图谱峰的面积进行拟合分析，得到了各个晶相的含量和占比，这个拟合结果是定性半定量的结果，其中含量最多的是钾长石，其次是高岭石，最少的是石英，这表明取样位置的稀土原矿风化程度较高。

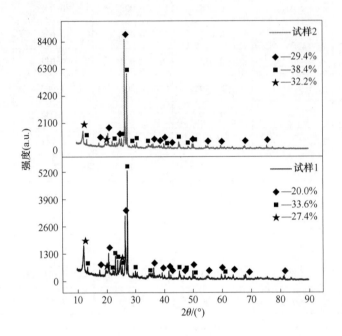

图 2.5　稀土原矿的 XRD 图谱

◆—SiO$_2$；■—KAlSi$_3$O$_8$；★—AlSi$_2$O$_5$(OH)$_4$

2.1.2.8　离子型稀土元素配分

通常情况下，原状稀土的全相稀土品位介于 0.05% ~ 0.3% 的范围之间，以离子态形式赋存的稀土元素占比达 3/4 以上，离子态稀土元素通常赋存在黏土矿物颗粒的表面，而且存在极少数的稀土元素水溶相、胶态相以及矿物相的形式[101]。本次研究采用 ICP-MS 分析仪对此次采集的离子型原状稀土的稀土元素成分进行分析，原状稀土的全相稀土配分结果见表 2.6。

表 2.6　稀土原矿全相稀土配分　　　　　　　　　　（%）

样本	Y$_2$O$_3$	La$_2$O$_3$	CeO$_2$	Pr$_6$O$_{11}$	Nd$_2$O$_3$	Sm$_2$O$_3$	Eu$_2$O$_3$	Gd$_2$O$_3$
样本 1	0.0256	0.00492	0.0132	0.00171	0.00717	0.00333	0.000076	0.00386
样本 2	0.0244	0.00454	0.0077	0.0016	0.00661	0.00308	0.00007	0.00355

样本	Y_2O_3	La_2O_3	CeO_2	Pr_6O_{11}	Nd_2O_3	Sm_2O_3	Eu_2O_3	Gd_2O_3
样本 3	0.0253	0.00478	0.00905	0.00166	0.00687	0.0032	0.000074	0.00369
平均值	0.0251	0.00475	0.00998	0.00166	0.00688	0.0032	0.000073	0.0037

样本	Tb_4O_7	Dy_2O_3	Ho_2O_3	Er_2O_3	Tm_2O_3	Yb_2O_3	Lu_2O_3	REO
样本 1	0.00071	0.00432	0.00087	0.00257	0.00041	0.00294	0.00044	0.07213
样本 2	0.00065	0.00406	0.00083	0.00246	0.0004	0.00284	0.00042	0.06321
样本 3	0.00068	0.0042	0.00085	0.00251	0.00041	0.00288	0.00042	0.06657
平均值	0.00068	0.00419	0.00085	0.00251	0.00041	0.00289	0.00043	0.0673

2. 2 试验方法及分析方法

2. 2. 1 稀土固样分析方法

取回的稀土原矿经过干燥处理之后，取一定量具有代表性的样品进行碾磨成粉末，粉末要求颗粒尺寸大于 $74\mu m$（200 目），$48 \sim 74\mu m$（$300 \sim 200$ 目）最为适合，手摸无颗粒感，类似于面粉的质感，待样品满足要求之后制成相应的样品，如图 2.6 和图 2.7 所示，再用于原矿的元素分析和结构组成分析。本次研究采用 X 射线荧光光谱仪（XRF）测试分析原状稀土的化学元素构成，得到其各组成的化学元素含量，采用 X 射线粉末衍射仪（XRD）分析离子型稀土矿的结构组成。

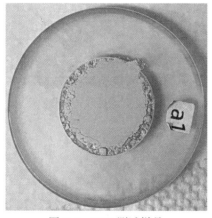

图 2.6 XRD 测试样品

图 2.7 XRF 测试样品

2.2.2　稀土液样分析方法

稀土离子主要赋存在高岭土、伊利石等黏土矿物中，可利用更为活泼的阳离子置换出稀土离子[33]。在柱浸过程中，离子态的稀土离子解离出来随着浸矿液下迁，同时还含有可交换的钙、镁、铁等离子会不同程度的随稀土离子进入稀土母液中，除此以外收集的稀土母液中还含有大量的浸矿液。与此同时，不同时间收集的稀土母液中稀土离子浓度差别甚大，而且同一元素的浓度差别也很大，可见如何确定浸出液中中稀土离子浓度是本书的重点研究内容。

稀土母液中稀土离子浓度测试有 EDTA 滴定法、分光光度法，以及电感耦合等离子体质谱法等测试方法。EDTA 滴定法测定稀土母液中的稀土离子浓度是在稀土母液中加入缓冲液、磺基水杨酸、抗坏血酸、乙酰丙酮等作为遮蔽剂，再加入二甲酚橙作为指示剂，最后缓慢加入一定浓度的 EDTA 试剂，直至锥形瓶中溶液颜色变成亮黄色为止，通过消耗 EDTA 标准试剂的体积来计算每个循环收集的稀土母液内稀土离子浓度。分光光度法测定稀土母液中的稀土离子浓度是利用分光光度计在波长 655nm 处测定待测溶液的吸光度，再通过先前求得的标准曲线的回归方程计算得到稀土离子浓度。电感耦合等离子体质谱法测定稀土母液中稀土离子浓度是在稀硝酸介质中，以氩等离子体为离子化源，用质谱法测定 15 个稀土元素质量分数，各个元素质量分数之和就是离子相稀土元素总量。

本次试验浸出液具有出液量少、样品多、测试元素多，以及待测溶液浓度低等特点，采用 EDTA 滴定法和分光光度法测定稀土母液中稀土离子浓度存在操作麻烦、耗时长、测试工作量多等缺点，并且测试过程中各种因素的影响将会导致测试结果出现较大的误差，因此，为了更精确地描述离子型稀土矿浸取的过程，最终选择电感耦合等离子体质谱法测定浸出的稀土母液中稀土离子浓度，测试仪器为 Agilent 8800 型 ICP-MS 分析仪。

2.2.3　重塑稀土试样方法

试验所用的稀土试样由三个步骤制备而得。第一步，在稀土矿山取得扰动稀土矿样并运回实验室；第二步，将矿山获取的稀土矿样进行充分混合，称取一定质量的稀土原矿并加入适量水，使其初始含水率与原状土相近；第三步，将第二步得到的稀土矿样装入固定容器中，采用击实法对容器中的矿样分次击实，根据装入土样的质量和体积计算，使得试样密度与原状土样保持一致，从而得到与未扰动试样物理性质相似的重塑稀土试样。根据后续试验要求，制备径高比为 40mm×60mm 的重塑稀土试样。同一批重塑试样需要制备多个，利用 NM-60 基于核磁共振技术的岩土微结构分析仪测得其初始孔隙率，选取物理参数最为接近的试样进行试验。

2.3 试验仪器装置和分析试剂

2.3.1 主要仪器装置

不同水化学条件对离子型稀土浸出效率及影响机理研究中所需要主要试验仪器装置见表2.7，除此之外还有部分常用的试验仪器，如移液管、量筒、烧杯、容量瓶、玻璃棒、滤纸、透水石、100mL 锥形瓶、胶头滴管及亚克力管等。

表 2.7　试验用的主要仪器列表

名　称	生产厂家	规格型号	用　途
恒温干燥箱	沪南电炉烘箱厂	101-2A 型	烘干稀土原矿
震击式标准振摆仪	北京申济仪器设备有限公司	ZBSX-92A 型	筛分稀土原矿
三头研磨机	武汉探矿机械厂	XPM-φ120	将稀土原矿磨成粉
电感耦合等离子体质谱仪	Agilent 安捷伦科技（中国）有限公司	Agilent 8800 型	测定原矿、浸出液的稀土元素分量等
X 射线荧光光谱仪	荷兰 PANalytical 公司	Axios max 型	测定稀土原矿粉末样品各元素含量
X 射线衍射仪	荷兰 PANalytical 公司	Empyream 型	测定稀土原矿粉末样品结构组成
岩土微结构分析仪	苏州纽迈科技	MESOMR23 型	测定试样孔隙结构等参数及试样反演图像
扫描电子显微镜	扫描电镜：美国 FEI 公司；能谱仪：德国布鲁克公司	MLA650F 型	试样的形貌观察及成分分析
去离子水制备仪	星临水处理设备有限公司（上海）	YL-100BU 型	制备去离子水
蠕动泵	保定雷弗流体科技有限公司	BT101L-DG10-4 型	控制浸矿液流速
亚克力浸取柱	淘宝镀美旗舰店	径高比 40mm：80mm	柱浸设备
电子天平	渡扬精密仪器有限公司（上海）	FA3204B	称取药剂和土样
移液枪	千司生物科技有限公司（济南）	1000~5000μL、1~5mL、1~10mL	准确移取液体

续表 2.7

名　称	生产厂家	规格型号	用　途
pH 计	美国奥豪斯	ST 2100	测定溶液 pH 值
紫外可见分光光度计	上海元析仪器有限公司	UV-5100	测定溶液离子浓度

2.3.2 主要分析试剂

不同水化学条件对离子型稀土浸出效率及影响机理研究中所需要的主要试验药剂见表 2.8。

表 2.8 试验用的主要药剂列表

名　称	分子式	纯度等级	用　途
去离子水	H_2O	电阻率不小于 18MΩ	配置溶液、洗涤和试样饱和等
硫酸铵	$(NH_4)_2SO_4$	分析纯	配置浸矿剂
硫酸镁	$MgSO_4$	分析纯	配置浸矿剂
硫酸铝	$Al_2(SO_4)_3$	分析纯	配置浸矿剂
稀土标准液	—	分析纯	ICP-MS 绘制标准曲线
硝酸	HNO_3	分析纯	ICP-MS 分析纯
硅酸钠	$Na_2O \cdot nSiO_2$	分析纯	土样黏合剂
AB 胶	—	分析纯	土样黏合剂
无水乙醇	C_2H_6O	分析纯	洗涤
硫酸	H_2SO_4	分析纯	调节溶液 pH 值
六次甲基四胺	$C_6H_{12}N_4$	分析纯	配置缓冲液
乙二胺四乙酸	$C_{10}H_{16}N_2O_8$	分析纯	络合稀土离子
磺基水杨酸	$C_7H_6O_6S \cdot 2H_2O$	分析纯	遮蔽铝离子
抗坏血酸	$C_6H_8O_6$	分析纯	还原剂
乙酰丙酮	$C_5H_8O_2$	分析纯	螯合剂
二甲酚橙	$C_{31}H_{32}N_2O_{13}S$	分析纯	指示剂

3 不同价态阳离子对稀土浸出过程的影响

3.1 概　　述

　　离子型稀土矿不是以独立的矿物形式存在，稀土元素主要是以水合或羟基水合阳离子形式吸附于黏土类矿物表面，化学性质更为活泼的大部分阳离子均能将吸附的稀土离子解吸出来，例如 NH_4^+、Na^+、Mg^{2+}、Ca^{2+}、Al^{3+} 等[102-104]。该资源的开采工艺先后经过了池浸、堆浸和原地浸矿三代开采工艺，提取工艺由氯化钠淋洗—草酸沉淀稀土发展到了目前常用的硫酸铵淋洗—碳酸氢铵富集稀土[105,106]。不同种类的浸矿液含有不同价态的阳离子，而且稀土离子和浸矿溶液中阳离子交换遵循等价交换原则。因此同等浓度同等体积的浸矿液注入能够置换出来的稀土离子浓度存在显著的差别，最终导致稀土的浸出率有所不同。鉴于离子吸附型稀土浸取现状，本章研究内容的试验方案采用质量分数均为 2% 的（NH_4）$_2SO_4$ 溶液、$MgSO_4$ 溶液及 Al_2（SO_4）$_3$ 溶液三种含有不同价态阳离子进行室内模拟柱浸试验，系统地分析三种不同价态浸矿剂在整个浸矿过程的浸取特征，通过对比分析不同价态浸矿液的浸矿速度，得到浸矿有效时间，计算浸矿有效时间内稀土母液稀土离子含量，量化浸出稀土离子含量与浸矿时间的关系，识别离子交换全过程。此外，浸矿液在浸矿母体中的渗流是否充分直接影响到浸矿液中的阳离子与稀土离子交换的充分性，进而影响到整体的稀土浸出率。而稀土矿体孔隙结构动态演化成为浸矿液良好运移渗透的关键所在，随着浸矿过程的持续推进，试样内部的次生孔隙结构也在不断地发生改变，为了探究含有不同阳离子浸矿液浸矿过程稀土矿体孔隙结构动态演化特征，在柱浸的每一个循环过程中，借助核磁共振技术得到试样的孔隙率、T_2 图谱，进而分析试样内部孔隙半径及其占比变化，建立试样孔隙结构演化规律与稀土浸出效率之间的联系。

3.2 稀土浸出原理分析

　　离子型稀土矿的主要组成矿物包括黏土矿物、石英砂、长石和造岩矿物等，其中黏土矿物含量占 40%~70%，主要为高岭石、埃洛石、伊利石、蒙脱石和云母等[33]。稀土离子主要以水合或羟基水合阳离子的形式吸附在黏土矿物上，采用常规的物理方法难以富集回收稀土，通常选用化学方法，通过离子交换将稀土从黏土矿物中提取出来[24]。离子吸附型稀土的浸出过程是离子置换过程，随着浸矿溶液注入矿体，在重力的作用下，发生渗流作用，更为活泼的阳离子（NH_4^+、Mg^{2+}、Al^{3+}）能将置换吸附在黏土矿物表面的稀土阳离子置换出来[107-109]。浸矿过程涉及多种化学反应，有关于稀土浸出的主要化学反应方程式见式（3.1）或式（3.2）[110]。稀土阳离子和浸矿溶液中的活泼阳离子交换遵循等价交换原则，即离子交换按等摩尔电荷关系进行，如图3.1所示。首先浸矿剂中的阳离子通过扩散层向矿物颗粒表面扩散，进而与附着在黏土表面的稀土阳离子发生离子交换，活泼阳离子被吸附在矿体表面，被交换解吸的稀土阳离子进入溶液成为稀土母液，最终，从回收的母液中提取稀土元素。

$$
\begin{cases}
\left[\mathrm{Al}_2(\mathrm{Si}_2\mathrm{O}_5)(\mathrm{OH})_4\right]_m \cdot x\mathrm{RE}^{3+}(\mathrm{s}) + 3x/y\mathrm{SE}^{y+}(\mathrm{aq}) \Longleftrightarrow \\
\quad \left[\mathrm{Al}_2(\mathrm{Si}_2\mathrm{O}_5)(\mathrm{OH})_4\right]_m \cdot 3x/y\mathrm{SE}^{y+}(\mathrm{s}) + x\mathrm{RE}^{3+}(\mathrm{aq}) \\
\left[\mathrm{Al}(\mathrm{OH})_6\mathrm{Si}_2\mathrm{O}_5(\mathrm{OH})_3\right]_m \cdot x\mathrm{RE}^{3+}(\mathrm{s}) + 3x/y\mathrm{SE}^{y+}(\mathrm{aq}) \Longleftrightarrow \\
\quad \left[\mathrm{Al}(\mathrm{OH})_6\mathrm{Si}_2\mathrm{O}_5(\mathrm{OH})_3\right]_m \cdot 3x/y\mathrm{SE}^{y+}(\mathrm{s}) + x\mathrm{RE}^{3+}(\mathrm{aq}) \\
\left[\mathrm{KAl}_2(\mathrm{AlSi}_3\mathrm{O}_{10})(\mathrm{OH})_2\right]_m \cdot x\mathrm{RE}^{3+}(\mathrm{s}) + 3x/y\mathrm{SE}^{y+}(\mathrm{aq}) \Longleftrightarrow \\
\quad \left[\mathrm{KAl}_2(\mathrm{AlSi}_3\mathrm{O}_{10})(\mathrm{OH})_2\right]_m \cdot 3x/y\mathrm{SE}^{y+}(\mathrm{s}) + x\mathrm{RE}^{3+}(\mathrm{aq})
\end{cases}
\tag{3.1}
$$

也可表示为：

$$
\left[\mathrm{Al}_4(\mathrm{Si}_4\mathrm{O}_{10})(\mathrm{OH})_8\right]_m \cdot x\mathrm{RE}^{3+}(\mathrm{s}) + 3x/y\mathrm{SE}^{y+}(\mathrm{aq}) \Longleftrightarrow
$$
$$
\left[\mathrm{Al}_4(\mathrm{Si}_4\mathrm{O}_{10})(\mathrm{OH})_8\right]_m \cdot 3x/y\mathrm{SE}^{y+}(\mathrm{s}) + x\mathrm{RE}^{3+}(\mathrm{aq})
\tag{3.2}
$$

式中，RE^{3+}代表稀土阳离子；SE^{y+}代表不同价态更为活泼的阳离子（如NH_4^+、Na^+、Mg^{2+}、Al^{3+}等）。

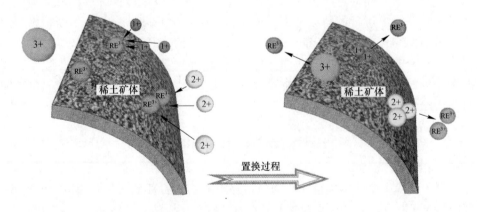

图 3.1 稀土浸矿等价交换过程示意图

3.3 试 验 方 法

本次研究配置了以 NH_4^+、Mg^{2+}、Al^{3+} 为阳离子,阴离子均为 SO_4^{2-} 的浸矿剂进行室内模拟柱浸试验,得到浸矿有效时间及浸矿过程浸出液的出液速率,计算浸矿有效时间内稀土母液稀土离子含量,量化浸出稀土离子含量与浸矿时间的关系,识别离子交换全过程。柱浸过程中运用核磁共振技术测定试样横、纵两向的反演图像及孔隙结构分布等参数,同时借助扫描电镜和能谱技术对试样内部微区形貌进行观察和元素测定,研究了含有不同价态阳离子溶液浸矿过程稀土矿体孔隙结构演化规律,统计分析结果,实现差异量化,以此论证阳离子价态对浸矿液渗透运移的影响。整体试验主要研究步骤如图 3.2 所示,包括试样的制备、柱浸试验、核磁共振试验,以及试样微观形貌观察及能谱检测试验。试验过程以 2%（NH_4）$_2SO_4$ 溶液浸矿组展开描述,2%$MgSO_4$、2%Al_2（SO_4）$_3$ 溶液浸矿组试验过程保持一致。

试样制备:按照原状稀土物理参数对土样进行重塑,制样采用击实法,待土样满足要求后用击实器击实,每次加土等量,每层以最大击实距离击 2 次,每层击实后进行刮毛处理。为了满足后续试样柱浸和微结构测试,重塑稀土试样规格为径高比 40mm∶60mm,利用 NM-60 型核磁共振成像仪测得其初始孔隙率,选取初始孔隙结构最为接近的试样进行试验。

柱浸试验:选取 4 个试样进行柱浸试验,4 个试样同时进行。试验前所有试样先行用去离子水饱和,试样饱和后改换 2%（NH_4）$_2SO_4$ 溶液浸矿,采用 BT101L 型蠕动泵控制浸矿液流速,注液速率为 3mL/min。试验分时间段进行,每隔 0.5h 停止注液,之后取出试样进行核磁共振试验。测试完成后该试样继续进行柱浸试验,后续每次柱浸试验重复上述过程,直至浸矿母液中稀土离子浓度基本保持一致,试验结束。稀土母液中的稀土浓度采用 Agilent 8800 型电感耦合等离子体质谱仪测定。

平行柱浸试验:另选取 7 个初始孔隙结构基本一致的重塑稀土试样进行平行柱浸试验,试样 1 饱和之后停止注液,对其进行核磁共振试验,测试完成妥善保存试样;试样 2 饱和后改换 2%（NH_4）$_2SO_4$ 溶液浸矿,浸矿 0.5h 后停止注液,同样对其进行核磁共振试验,测试完成妥善保存试样。以此类推,试样 3、4、5、6、7 饱和后分别浸矿 1h、1.5h、2h、2.5h、3h 后再进行核磁共振试验。7 个试样柱浸结束后,在 100～105℃恒温下烘干 12h。

核磁共振试验:将试验仪器内部的永磁体温度调节并稳固在 32℃±0.1℃,每一循环结束后,停止注液取出试样并立即将试样水平放入核磁共振仪的腔槽内,对试样的微观孔隙结构进行测试,得到孔隙率和孔径分布等参数,经处理得到浸矿过程孔隙结构反演图像。4 个试样测试完成后再进行柱浸试验,每隔 0.5h 重复上述过程,如此反复循环直至试验结束。

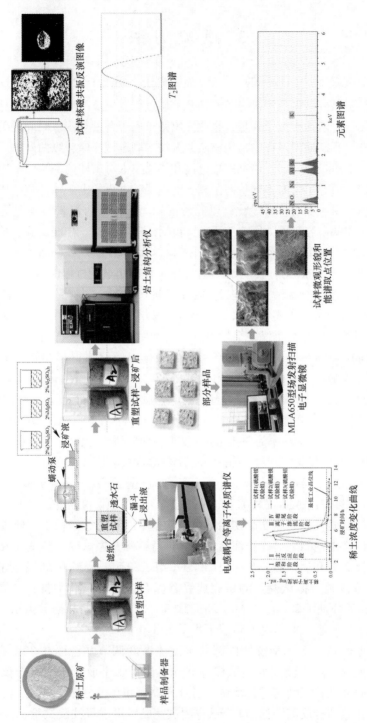

图3.2 试验主要研究步骤

试样微观形貌观察及能谱检测试验：试样 1~7 烘干完成后，根据每个试样的孔隙结构反演图像对比结果，选取反演图像出现异常的部位制成长宽比为 1cm：1cm 的试样进行微观形貌观察和能谱检测，若没有异常则选择具有代表性的部位进行观察和检测。试样微观形貌观察及能谱检测采用 MLA650F 型场发射电镜扫描仪和能谱仪进行相关试验分析。

3.4 不同价态阳离子与稀土离子置换全过程

3.4.1 浸出稀土浓度分析

试验结果分析过程中，三组试验分别对应的 4 个矿样试验结果差别很小，数据分析分别在三组中选择试验结果最具有代表性的 3 个试样进行对比分析。试样 1 代表采用 2%（NH_4）$_2SO_4$ 溶液浸矿，试样 2 代表采用 2%$MgSO_4$ 溶液浸矿，试样 3 代表采用 2%Al_2（SO_4）$_3$ 溶液浸矿。为了试验需要，浸矿前查找相关资料计算及测试得到浸矿液相关参数见表 3.1，在测试溶液 pH 值时采用多次测量取其平均值，本节中仅列出了最后的测量结果。

表 3.1　浸矿液相关参数表

浸矿液	溶质质量/g	pH 值	阳离子	阳离子价态	溶质相对分子质量	阳离子摩尔浓度/mol·L^{-1}	浸出稀土离子摩尔浓度/mol·L^{-1}
2% 硫酸铵	20.4082	5.68	NH_4^+	1	132.14	0.3089	0.1030
2% 硫酸镁	20.4082	5.97	Mg^{2+}	2	120.37	0.1695	0.1130
2% 硫酸铝	20.4082	2.67	Al^{3+}	3	342.15	0.1193	0.1193

利用配置好的三种不同价态阳离子浸矿液浸矿，累计浸矿一段时间后，采用 EDTA 滴定法滴定浸矿后期收集的稀土母液中的稀土离子含量，以此初步判断试验结束的时间，当回收的稀土母液中稀土离子含量低于最低工业品位（$w_{REO} \leqslant$ 0.1%）并且基本不变时，可认为试验已经结束[111,112]。柱浸试验结束后，收集的稀土母液利用 ICP-MS 分析检测溶液中稀土离子浓度。如图 3.3 所示，图中每一个点代表 1 次循环浸矿，三组试样经过 17 次循环浸矿得到了 2%（NH_4）$_2SO_4$、2% $MgSO_4$ 及 2% Al_2（SO_4）$_3$ 溶液整个浸矿过程稀土离子含量变化曲线，其中第 1 次循环采用的是去离子水浸矿，第 2 次开始改换浸矿剂浸矿。综合分析图 3.3 可以得出阳离子与稀土离子置换过程的整体规律。结合柱浸试验方案，0~2.3h 时间段为试样饱和阶段，试样中的稀土离子并没有随着溶液渗出，在此时间段收集的稀土母液中的离子浓度为零，表明去离子水不与试样发生离子置换反应。试样

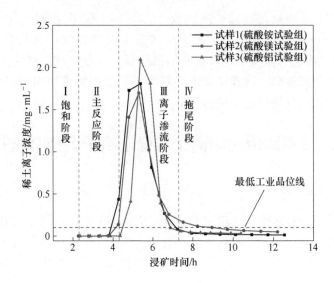

图 3.3　浸出稀土离子浓度变化曲线

饱和后，浸矿液改换为 2% $(NH_4)_2SO_4$、2% $MgSO_4$ 及 2% $Al_2(SO_4)_3$ 溶液，随着浸矿液的注入，此时试样内部开始产生大量的离子交换作用。分析图 3.3 可知，在更换浸矿剂浸矿之后的第 3 次循环中，浸出的稀土母液中稀土离子浓度几乎为 0。第 4 次循环结束后，稀土母液中能够检测得到稀土离子，这表明稀土离子渗出过程滞后于离子交换过程。随着第 5 次的循环开始，稀土母液中的稀土离子浓度开始急剧上升，并且均在第 7 次循环结束后，稀土浸出液中的稀土离子浓度达到峰值，其中采用 2% $Al_2(SO_4)_3$ 溶液浸矿峰值最高，其次是采用 2% $(NH_4)_2SO_4$ 浸矿，最低的是采用 2% $MgSO_4$ 溶液浸矿。随着浸矿过程的继续推进浸出液中的稀土离子浓度开始下降且下降幅度剧烈，直至下降到工业开采的最低品位。当浸出液中的稀土离子浓度低于工业开采最低工业品位以下，其浓度变化趋于平缓，试样中的离子交换反应极其微弱。

　　根据浸出液中稀土离子浓度变化规律并结合柱浸过程循环情况，可以将整个柱浸过程分为四个阶段：第一阶段为去离子水饱和阶段，该阶段的时间段为 0~2.3h，循环次数为第 1 次循环，该阶段注入的是去离子水，整个柱浸过程只存在物理渗流作用，不存在离子交换反应，试样的有效孔隙在此阶段就得到了较充分的发展；第二阶段为主反应阶段，三组试样的主反应阶段时间为 2.3~4.3h，第 2~5 次循环，试样饱和之后更换浸矿液浸矿，随着浸矿液的注入，该阶段发生了强烈的离子交换，但是该阶段稀土浸出液中稀土离子浓度微量，甚至为 0，稀土离子的渗出滞后于离子交换反应；第三阶段为离子渗流阶段，三组溶液浸矿的离子渗流阶段时间为 4.3~7.3h，第 6~10 次循环，该阶段仍然存在少量的离子交换反应，回收溶液中稀土离子含量开始增加，达到峰值之后迅速降低；第四阶段为拖尾阶段，三组溶液浸矿的拖尾阶段时间为 7.3~12.5h，第 11~17 次循环，该阶段离子交换反应微弱，浸出液中稀土离子浓度低于工业开采最低品位，浸出的稀土离子浓度缓慢减少，存在一定的拖尾现象，随着柱浸的结束逐渐趋于 0。

本节研究重点在饱和浸矿过程不同价态阳离子与稀土离子置换过程，因此还需要针对不同价态浸矿液浸出结果进一步分析。从图 3.3 可知，三组试验浸出液中稀土离子浓度到达峰值点的时间无明显的差别，但是，从浸出液中能够检测到稀土离子含量的浓度开始计算，以最低峰值点的浓度结束，浸出液中稀土离子含量到达相同的某一浓度所需时间存在明显的差异。其中，采用 2%（NH_4）$_2SO_4$ 溶液浸矿到达任意浓度所需时间最短，其次是采用 2% $MgSO_4$ 溶液浸矿，最后是采用 2% Al_2（SO_4）$_3$ 溶液浸矿。由表 3.1 可知，$c_{NH_4^+}$ = 0.3089mol/L、$c_{Mg^{2+}}$ = 0.1695mol/L、$c_{Al^{3+}}$ = 0.1193mol/L，根据等价交换原则，在充分反应的情况下，理论上，能够交换出稀土离子浓度极为接近，分别为 0.1030mol/L、0.1130mol/L、0.1193mol/L，此外，三组试验均采用同一台蠕动泵控制流速一致而且注液时间均为 0.5h，然而三组浸矿液浸矿达任意浓度所需时间不一致。事实上，离子型稀土浸矿过程是一个极为复杂的过程，不同价态浸矿液的注入，土体与液体两相耦合下稀土矿体颗粒级配的改变、矿体孔隙结构动态演化及微细颗粒的迁移必将影响溶液的渗流效率，此外浸矿过程中阳离子与稀土离子发生强烈的离子置换作用引发的次生孔隙结构，以及浸矿液离子间价态的差别、多孔介质的含水率、溶液离子强度、溶液 pH 值等因素随着置换过程的持续进行，次生孔隙结构也在不断演化，影响了浸矿液的渗透运移特性，进一步影响稀土元素的浸出率。

3.4.2 浸出稀土质量分析

根据每次回收稀土母液体积及所对应的稀土离子浓度确定每次注液循环的浸出稀土质量和累计浸出率，计算结果见表 3.2。根据 3.4.1 小节的探讨可知，在饱和阶段，去离子水不与稀土矿体发生化学置换反应，三组试验的浸出液中无稀土离子；在主反应阶段，试样内部充斥着大量的离子交换反应，但是离子的渗出滞后于离子交换反应，采用 2%（NH_4）$_2SO_4$ 及 2% $MgSO_4$ 溶液浸矿在第 5 次注液循环结束后收集的稀土母液中含有稀土离子，且浸出稀土质量前者比后者多，而采用 2% Al_2（SO_4）$_3$ 溶液浸矿第 5 次循环结束后，浸出液中没有检测得到稀土离子，这表明稀土离子未跟随溶液渗出试样。在离子渗流阶段，大量的稀土离子随着溶液渗出土体，采用 2%（NH_4）$_2SO_4$ 和 2% $MgSO_4$ 溶液浸矿浸出液稀土质量急剧增大，单次浸出的稀土质量最大值出现在第 6 和第 7 次循环，而采用 2% Al_2（SO_4）$_3$ 溶液浸矿在第 6 次循环浸出液中含有少量的稀土离子，单次浸出的稀土质量最大值滞后一次循环，为第 7 和第 8 次循环。在拖尾阶段，离子置换反应微弱，三组柱浸试验浸出的稀土质量甚少并且分布基本一致。在本次的离子型稀土柱浸过程，浸出的稀土质量均呈现先增大后减小的规律，其中采用2% $MgSO_4$ 溶液浸矿浸出的稀土总质量和累计浸出率最高，其次是采用2% $(NH_4)_2SO_4$ 溶液浸矿，最后是采用2% $Al_2(SO_4)_3$ 溶液浸矿。

表3.2　不同价态溶液浸出过程中稀土回收量

浸矿阶段	循环次数	稀土浸出量/mg		
		硫酸铵浸矿	硫酸镁浸矿	硫酸铝浸矿
水饱和	1	0	0	0
	2	0	0	0
主反应	3	0	0	0
	4	0.05	0.00	0
	5	3.66	1.09	0.01
	6	15.55	12.69	3.57
	7	15.36	13.23	17.97
离子渗出	8	6.44	8.68	12.69
	9	2.13	3.95	3.35
	10	0.61	2.01	0.75
	11	0.27	1.27	0.46
	12	0.21	0.93	0.37
	13	0.18	0.89	0.27
拖尾	14	0.13	0.58	0.28
	15	0.13	0.53	0.29
	16	0.10	0.44	0.24
	17	0.09	0.39	0.22
总计		44.92	46.69	40.46
浸出率/%		71.3	74.47	64.95

3.4.3　有效离子交换时间分析

由3.4.1小节和3.4.2小节分析可得，去离子水饱和之后更换浸矿液浸矿，试样内部开始发生大量的离子交换反应，由于稀土离子的渗出滞后于离子交换反应，溶液中未检测到稀土；在离子渗流阶段，强烈的离子交换反应基本结束，大量的稀土离子随着溶液渗出，但试样内部仍存在的离子交换反应为数并不多；随着浸矿过程的持续推进，在拖尾阶段，试样内部存在的离子交换反应更为微量，因此不管是浸出稀土离子浓度还是浸出的稀土质量变化趋于平缓且数目极少。由此可以确定强烈的离子交换反应所在阶段为主反应阶段，即采用 2% $(NH_4)_2SO_4$、2% $MgSO_4$、2% $Al_2(SO_4)_3$ 溶液浸矿组的有效离子置换时间为 2.3~4.3h，循环次数为第 2~5 次。

3.4.4 试样出液速率分析

在浸矿过程中，剧烈的离子置换反应必定会改变土体微观孔隙结构，从而影响浸矿剂的宏观渗流速率。此外，不同阳离子配置的浸矿液阳离子间价态的差别及其置换过程引起土体内部溶液离子强度等因素的影响都极有可能改变土体的渗流通道，进一步影响浸矿液的渗透速率。本次的三组试验分别采用 2% $(NH_4)_2SO_4$、2% $MgSO_4$、2% $Al_2(SO_4)_3$ 溶液浸矿，累计循环 17 次，试验过程中发现，虽然试验选用的稀土试样初始孔隙率基本一致，但每个循环过程分别注入同等体积的浸矿液，回收液体的体积存在较大的差别。为了规避试样之间的差异，曲线的横坐标采用孔隙体积描述，得到不同阳离子浸矿液在有效离子置换时间段的出液速率对比曲线，如图 3.4 所示。分析可知，在有效的离子交换时间段，试样的出液速率均持续增大，但在主反应的整个时间段 $(NH_4)_2SO_4$ 溶液浸矿组的出液速率最大，其次是 $MgSO_4$ 溶液浸矿组，出液速率最低的是 $Al_2(SO_4)_3$ 溶液浸矿组。主要原因是浸矿过程试样孔隙结构存在明显差别，导致这种差别的因素有很多，主要有阳离子价态不同、浸矿液的 pH 值不同、溶液离子强度不同，这些正是影响微细颗粒在试样表面吸附解析的因素，而微细颗粒的吸附解析的过程必然导致试样孔隙结构的改变，从而影响稀土母液的回收速率，这就要进一步分析不同价态阳离子溶液有效离子置换过程稀土试样孔隙结构动态演化对比研究，从而揭示导致出液速率存在差异的机理。

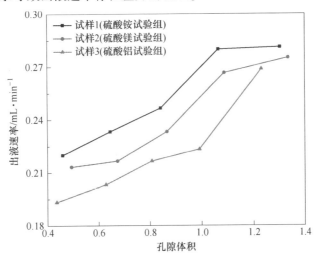

图 3.4 有效离子置换时间段出液速率

3.5　稀土矿体孔隙结构动态演化对比研究

3.5.1　NMR 弛豫基本原理

核磁共振技术（NMR）是通过检测试样孔隙内流体中的氢质子与外加磁场相互作用，从而获取氢质子有关信息的测试技术[113]。测试时，将试样放入测试腔中，然后施加一定频率的射频脉冲，则样品中的自旋氢核将吸收特定频率的电磁波，从低能态跃迁至高能态，磁化矢量偏离平衡状态。当停止射频脉冲后，氢原子核以电流信号释放吸收的能量，自旋氢核则从不平衡状态恢复到平衡状态，这个过程叫弛豫过程，所需时间为弛豫时间[114]。

根据 NMR 的弛豫原理，测试介质孔隙中存在横向自由弛豫、横向表面弛豫及扩散弛豫，则横向弛豫时间可以表示为式（3.3）[115]：

$$\frac{1}{T_2} = \frac{1}{T_{2B}} + \rho_2\left(\frac{S}{V}\right) + \frac{D(\gamma G T_E)^2}{12} \tag{3.3}$$

式中，T_{2B} 为试样内部流体的自由弛豫时间，ms；ρ_2 为横向表面弛豫强度，$\mu m/ms$；S 为孔隙表面积，μm^2；V 为孔隙体积，μm^3；D 为扩散系数，$\mu m^2/ms$；γ 为磁旋比，T/ms；G 为磁场梯度，$10^{-4}T/\mu m$；T_E 为回波间隔，ms。

因为 T_{2B} 的值为 2000~3000ms，且 $T_{2B} \gg T_2$，自由弛豫时间的倒数这项可以忽略不计；在测试时，试验仪器内部的永磁体温度调节并稳固在 32℃±0.1℃，保证了测试磁场的稳定性、均匀性，T_E 的值足够小，因此右边第三项也可以忽略不计。因此式（3.3）可以简化为：

$$\frac{1}{T_2} = \rho_2 \frac{S}{V} \tag{3.4}$$

进一步简化式（3.4）得到：

$$\frac{1}{T_2} = \rho_2 \frac{2}{R} \tag{3.5}$$

ρ_2 的值与待测材料物理化学特性有关，在本次试验中所用材料均为同种类型的稀土矿，因此不予以考虑。从式（3.5）可知，T_2 值的大小与多孔介质的孔隙半径大小成正相关，T_2 值越小，则孔隙半径就越小；T_2 值越大，则孔隙半径就越大。同时，T_2 谱峰值与孔隙数量也呈正相关，随着峰值增大，该孔径下的孔隙数量越多。因此，通过测试得到采用含有不同价态阳离子溶液浸矿后试样的 T_2 图谱可以得到试样内部孔隙的孔径信息和不同孔径孔隙的占比信息，从而反映稀土试样孔隙结构特征。

3.5.2　试样孔隙度分析

土体中的孔隙度越大，说明土体基质较轻、较疏松，容纳空气和液体的能力大。土体中的气液容纳空间包括土体中所有的孔隙，不管它们是否连通，但从实际出发，只有那些互相连通的孔隙才有实际意义，因为它们不仅能够储存空气、液体，而且还可以允许空气、液体在其中渗滤。在研究稀土浸矿的过程中，连通的孔隙空间与土样体积的比值越大，稀土浸出液的出液速率越大，即有效孔隙度的大小决定土样渗透性能的强弱[116,117]。本次试验中，针对主反应阶段的每个循环分别测试三组稀土试样孔隙度，得到分析曲线，为了对比分析保留了第1次及第6和第7次循环三组试样的孔隙度，如图3.5所示。分析图3.5可知，在去离子水饱和阶段三组试样均已饱和，随着浸矿液的加入，三组试样的孔隙度呈现出差异性变化，随浸矿时间的增加孔隙度不断增大，硫酸铵浸矿组试样的孔隙度在每一个循环阶段居于首位，硫酸镁浸矿组与硫酸铝浸矿组试样的孔隙度变化差异较小，总体来看硫酸镁浸矿组试样的孔隙度略大于硫酸铝浸矿组。通过去离子水的饱和作用，使试样中未相互连通的孔隙相互贯通，在加入浸矿液之后，阳离子与稀土离子发生离子置换反应加之长时间的渗流作用使得那些难以连通的孔隙进一步连通，从而导致试样的孔隙度增大。孔隙度的大小影响土体内部溶液的渗透效果，因此在同等浸矿液的注液体积时，硫酸铵浸矿组稀土母液的回收速率要大于硫酸镁、硫酸铝浸矿组，而硫酸镁浸矿组稀土母液的回收速率要略大于硫酸铝浸矿组。通过分析可知，三组试样的孔隙度存在一定的差异，但是这种差异是不明显的，因此，必须对浸矿过程试样孔隙结构的动态变化结果进行分析。

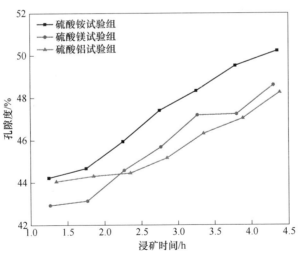

图 3.5　主反应阶段试样孔隙度变化曲线

3.5.3　试样 T_2 图谱

根据 NMR 弛豫基本原理可知，T_2 图谱中的弛豫时间与待测多孔介质内部孔隙半径呈正相关，待测介质的孔隙越小，测试时横向弛豫时速率增大，横向弛豫时间减少，即可认为弛豫时间代表了孔隙半径的大小；此外，接收的电流信号幅度越强，同类孔隙数量越多，即 T_2 图谱中曲线的峰值代表了不同半径的孔隙数量。根据测试结果得到了不同阳离子浸矿液不同循环阶段下试样的核磁共振 T_2 图谱，如图3.6所示。图3.6（a）所示为硫酸铵浸矿组试样第1~7次循环核磁共振 T_2 图谱分布情况。由前文分析可知，硫酸铵浸矿组试样的主反应阶段为第2~5次循环，为了对比分析该阶段与其他阶段试样孔隙结构动态演化规律，保留了第1、6、7次循环试样的核磁共振 T_2 图谱。为了便于表述，以第1次循环试样 T_2 图谱为标准将试样的孔隙按半径的大小分为3个区域，分别为A区域（弛豫时间范围为 0~1.5ms）、B区域（弛豫时间范围为 1.5~25ms）、C区域（弛豫时间范围为大于 25ms）。分析图3.6（a）可知，在本次试验中，试样在去离子水饱和之后，试样的 T_2 图谱主要呈现一个谱峰，主要集中在 1~200ms，A区域所在的孔隙占有数量较少，呈现出来的谱峰不明显，随着浸矿液的加入，试验 T_2 图谱整体未出现新的谱峰。加入浸矿液后，由于A区域的孔隙数量占比较少，其变化规律不明显；在主反应阶段，B区域所在的 T_2 图谱曲线不断左移，所包含的面积不断增大，所对应的孔隙度分量不断增大，表明该区域的孔隙数量逐渐增大。随着主反应阶段的结束，B区域所在的 T_2 图谱曲线向右移动了一定的距离所包含的面积不断减少，相对应的孔隙度分量不断减少，表明该区域的孔隙数量不断减小；从去离子水饱和阶段到主反应阶段再到大量离子渗出阶段，C区域所在的 T_2 图谱曲线所包含的面积呈现出先减小后增大的规律，表明C区域所在的的孔隙数量先减小后增大。图3.6（b）和（c）分别为硫酸镁浸矿组、硫酸铝浸矿组试样第1~7次循环核磁共振 T_2 图谱分布情况，分析图3.6（b）和（c）可知，从去离子水饱和阶段到主反应阶段再到大量离子渗出阶段，试样的核磁共振 T_2 图谱整体动态演化规律是一致的，即在浸矿过程中，B区域所对应的孔隙与C区域所对应的孔隙相互转换，当B区域所对应的孔隙数量增大时则C区域所对应的孔隙减小。机制分析认为，这都是离子交换反应引发土体内部微细颗粒在矿体表面沉积和释放所致，结合试样的核磁共振反演图像可以得到验证。具体来说就是，当试样内部发生大量的离子交换作用时，大量的稀土离子被置换出来，导致土体内部溶液离子强度增大，则试样内部黏土微细颗粒双电层被压缩，引起微细颗粒与矿物表面之间的范德华引力和双电层斥力失去平衡，范德华力起主导作用，致使矿体中大量微细颗粒沉积在矿物表面，造成孔隙堵塞，导致B区域所对应的孔隙与C区域所对应的孔隙相互转换，B区域所对应的孔隙数量增多，则C区域所对应的孔隙数量减少，随着离子交换反应由强烈状态变为微弱状态，稀土离子随着浸矿液不断流出，土体内部溶液离子强度减小，黏土微细颗粒双电层厚度增大，显现出双电层斥力，试样内部孔隙表面吸附的微细颗粒逐渐解析释放并且随着浸矿液渗出试样，导致试样内部孔隙再次发生动态演化，由 B 区域所对应的孔隙转化为 C 区域所对应的孔隙，表现为 C 区域所对应的孔隙数量增多，B 区域所对应的孔隙数量减少。

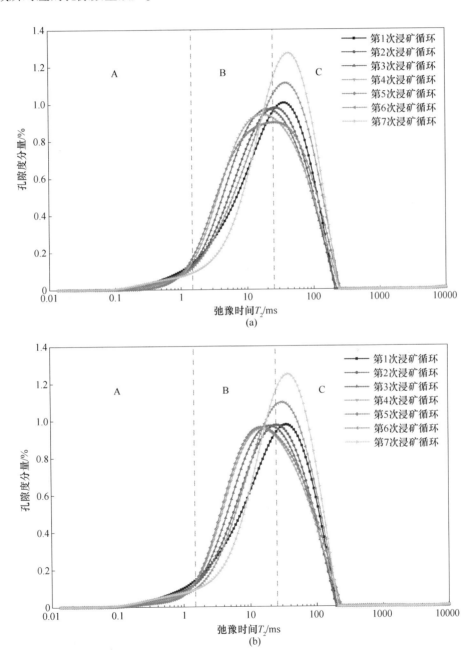

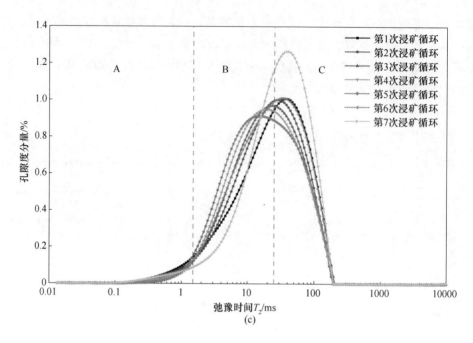

图 3.6   不同阳离子浸矿液浸矿试样第 1~7 次浸矿循环 T_2 图谱分布

（a）硫酸铵浸矿组；（b）硫酸镁浸矿组；（c）硫酸铝浸矿组

　　由前文分析可知，从去离子水饱和阶段到主反应阶段再到大量离子渗出阶段，三组试样的核磁共振 T_2 图谱整体动态演化规律是一致的，为了探究不同阳离子浸矿液浸矿过程稀土矿体孔隙结构动态演化机制，则仍然需要对比不同浸矿液每一次循环浸矿过程试样的核磁共振 T_2 图谱分布情况。为了对比分析，将三组试验同一次循环试样的核磁共振 T_2 图谱绘制在同一图中，如图 3.7 所示。图 3.7（a）所示为去离子水饱和试样后的 T_2 图谱，在制样的过程中采用的是同等类型的土，饱和之前选用的试样的初始孔隙结构基本一致，从图中可以看出曲线基本重合，表明试样在饱和之后三组试样的孔隙分布基本一致。随着浸矿液的加入，对比分析三组试样第 2 次循环 T_2 图谱可知，三组试样 T_2 图谱中 A 区域所对应的孔隙数量占有量甚少，基本无明显变化；B 区域所对应试样的 T_2 图谱也是基本重合的，无明显变化；C 区域所对应试样的 T_2 图谱，并非完全重合，较第 1 次循环，有一定的变化，但是这种变化也是不明显的。到了第 3 次循环阶段，三组试样的核磁共振 T_2 图谱如图 3.7（c）所示，从图中可以看出，A 区域对应的孔隙度分量基本一致，说明该区域对应的孔隙数量占有量甚少，基本无明显变化；B 区域所对应三组试样的 T_2 图谱有一定的差异，可以看出在同一弛豫时间下，硫酸铵浸矿组试样的孔隙度分量大于其他两组，硫酸镁浸矿组次之，孔隙度分量最低的是硫酸铝浸矿组，即 B 区域试样 T_2 图谱所围成的面积不同；C

区域所对应试样的 T_2 图谱也存在差异，整体来看该区域下硫酸镁浸矿组谱峰面积最少，硫酸铵浸矿组与硫酸镁浸矿组谱峰面积基本一致，但可以看出弛豫时间越大，硫酸铵浸矿组所占的孔隙度分量较硫酸铝浸矿组要高，即说明就试样内部大孔隙数量而言，硫酸铵浸矿组试样内部大孔隙数量要多于硫酸铝浸矿组。到了第 4 次循环阶段，A 区域对应的孔隙度分量仍然保持基本一致；在相同的弛豫时间下，B 区域所对应的孔隙度分量硫酸铝浸矿组最低，硫酸铵浸矿组在低弛豫时间对应得孔隙度分量较硫酸镁浸矿组得要多，而在高弛豫时间下，孔隙度分量则低于硫酸镁浸矿组；C 区域相同弛豫时间所对应的孔隙度分量无明显的规律，但是就大孔隙数量而言，硫酸铵浸矿组试样内部大孔隙数量最多，其次是硫酸镁浸矿组，最后是硫酸铝浸矿组。第 5 次循环阶段三组试样 T_2 图谱分布如图 3.7(d) 所示，A 区域对应的孔隙差异不明显；B 区域对应的孔隙差异较明显，其中硫酸镁浸矿组试样 T_2 图谱峰值最高，其次是硫酸铝浸矿组，最后是硫酸铵浸矿组，这说明在小孔隙的数量上，硫酸镁浸矿组试样内部小孔隙数量最多，其次是硫酸铝浸矿组，最后是硫酸铵浸矿组；C 区域试样 T_2 图谱对应的面积大小关系为：硫酸铵浸矿组最大，硫酸镁硫酸铝浸矿组基本相等，但是硫酸铵镁矿组在高弛豫时间对应的孔隙度分量较硫酸铝浸矿组的要多，即硫酸铵浸矿组在孔隙数量上还是大孔隙的数量均居首位，硫酸镁浸矿组硫酸铵浸矿组在孔隙数量上基本一致，但是硫酸镁浸矿组试样内部大孔隙数量更多。继续浸矿，第 6 次循环阶段三组试样的 T_2 图谱分布如图 3.7(e) 所示，分析可知，A 区域相同弛豫时间所对应的孔隙数量上，硫酸铝浸矿组孔隙数量最少，最多的是硫酸镁浸矿组，硫酸铵浸矿组孔隙数量居于两者之间；B 区域对应的孔隙数量无明显规律；C 区域三组试样的 T_2 图谱谱峰最高的是硫酸铵浸矿组，其次是硫酸镁浸矿组，最低的是硫酸铝浸矿组，并且随着弛豫时间的增大，硫酸铵浸矿组对应的孔隙度分量最高，即硫酸铵浸矿组大孔隙数量居于首位，硫酸镁与硫酸铝浸矿组无明显差异。随着大量离子置换反应的结束，第 7 次循环中三组试样的核磁共振 T_2 图谱中 A 区域的曲线与第 6 次循环阶段试样 T_2 图谱曲线相比基本保持不变，B 区域的曲线基本已经重合，C 区域，三组试样的 T_2 图谱基本重合，硫酸铵浸矿组试样中大孔隙数量仍然居多。

综上所述，去离子水饱和阶段，三组试样的核磁共振 T_2 图谱无明显差异基本重合，即三组试样内部的各种孔径的孔隙数量基本上是一致的。随着浸矿液的注入，整体来看，在主反应阶段，A 区域所对应的孔隙度分量占有量极少，变化也不明显；B 区域三组试样所对应的孔隙度分量及图谱面积，整体的规律是硫酸镁浸矿组孔隙度分量及图谱面积居于首位，其次是硫酸铵浸矿组，最后是硫酸铝浸矿组；C 区域所对应的是较大的弛豫时间，结合 NMR 弛豫原理，T_2 值的大小与多孔介质的孔隙半径大小呈正相关，在 C 区域，随着弛豫时间的增大，硫酸铵

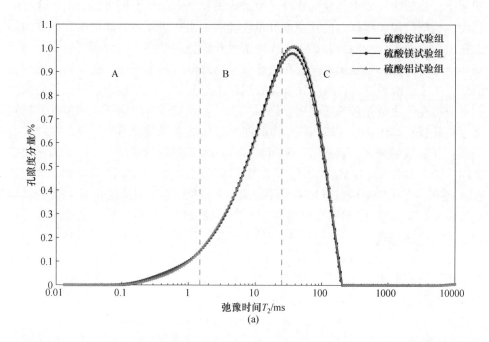

(a)

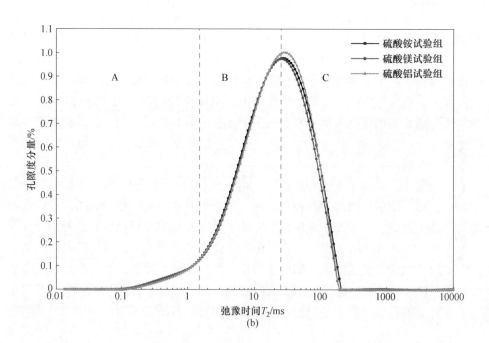

(b)

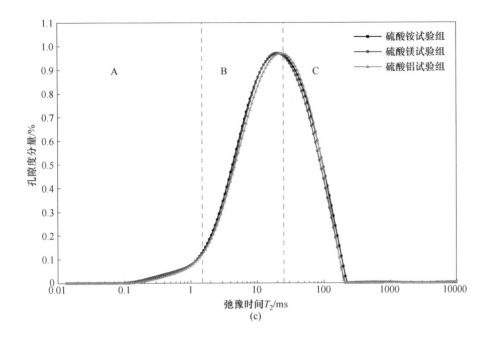

(c)

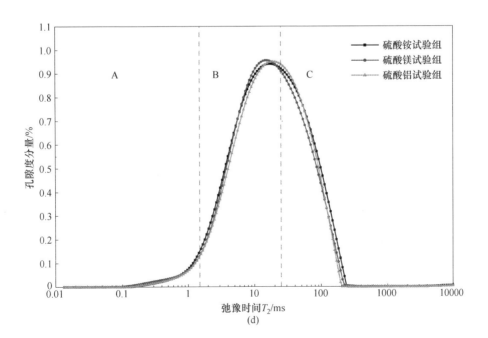

(d)

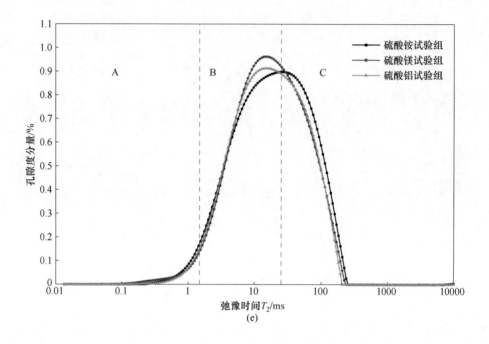

(e)

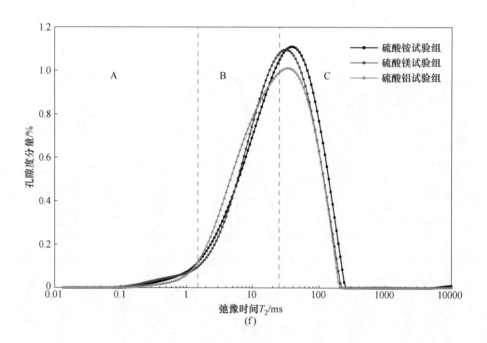

(f)

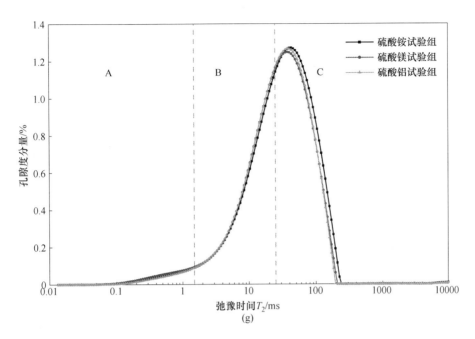

图 3.7　不同阳离子浸矿液浸矿试样第 1~7 次浸矿循环阶段 T_2 图谱对比分布
（a）第 1 次；（b）第 2 次；（c）第 3 次；（d）第 4 次；（e）第 5 次；（f）第 6 次；（g）第 7 次

浸矿组试样的孔隙度分量逐渐大于其他两组试样的孔隙度分量，而硫酸镁浸矿组的孔隙度分量又大于硫酸铝浸矿组，即随着孔隙半径的增大，硫酸铵浸矿组试样内部大孔隙的数量明显居于首位，其次是硫酸镁浸矿组，大孔隙数量最少的是硫酸铝浸矿组。而试样内部孔隙数量的多少及孔隙半径的大小是影响浸矿液在土体内部渗流的关键所在，当土体内部大孔隙在数量上占有绝对优势时，浸矿液在土体的渗流速度也是占有绝对的优势，换而言之，硫酸铵浸矿组试样较其他两组试样内部大孔隙数量占有绝对的优势，其渗流速率是最大的，硫酸镁浸矿组与硫酸铝浸矿组相比之下，不管是在大孔隙数量上还是其他孔隙上均更大，其渗流速率也是更大的。三组试样的核磁共振 T_2 图谱所展现出来的规律进一步验证了，在主反应的整个时间段硫酸铵溶液浸矿组的出液速率最大，其次是硫酸镁溶液浸矿组，出液速率最低的是硫酸铝溶液浸矿组。

3.5.4　试样孔隙结构动态演化对比分析

根据三组试样的核磁共振 T_2 图谱（见图 3.6 和图 3.7）可知，试样的 T_2 图谱的谱峰所对应的弛豫时间主要为 0.1~200ms，该范围较大，无法确定该区间三组试样内部详细的孔径变化情况，因此将孔径进一步划分为微小孔隙（0~10μm）、小等孔隙（10~25μm）、中等孔隙（25~60μm）、大孔隙（60~120μm）

和超大孔隙（>120μm），进而分析不同价态离子置换过程稀土矿体孔隙结构动态演化规律。三组试样不同浸矿阶段的不同孔径区段内孔隙的分布及含量变化如图3.8所示，其中图3.8（a）所示为硫酸铵浸矿组试样浸矿过程不同半径孔隙演化结果，由图可知，试样在去离子水饱和之后进入到主反应阶段，但第2次循环采用2%硫酸铵浸矿，根据3.4.1节和3.4.2节分析结果，该循环是离子交换的主要阶段，图中出现明显差异，具体体现为孔隙半径小于25μm的微小孔隙、小孔隙和中等孔隙含量急剧增加，孔隙半径大于25μm的大孔隙、超大孔隙含量急剧下降。第4次循环属于离子交换的残余阶段，该阶段孔隙半径小于25μm的微小孔隙、小孔隙和中等孔隙含量较第1次循环急剧下降，孔隙半径大于25μm的大孔隙、超大孔隙含量较第1次循环急剧上升，后面各循环呈现出相同的规律，直到第6次循环结束，该次循环属于离子交换的残余阶段，该阶段孔隙半径小于25μm的微小孔隙、小孔隙和中等孔隙含量较第5次急剧下降，孔隙半径大于25μm的大孔隙、超大孔隙含量较第5次急剧上升。分析结果表明，离子交换诱发稀土矿体中大孔隙和超大孔隙数量减少，微小孔隙、小孔隙和中等孔隙数量上升，矿体孔隙结构由大孔隙向中小孔隙动态演化。随着离子交换结束，孔隙结构再次由中小孔隙向大孔隙动态演化，整个矿体孔隙结构回复到原先状态。

图3.8（b）和（c）分别为硫酸镁浸矿组、硫酸铝浸矿组试样第1～7次循环试样浸矿过程不同半径孔隙演化结果情况。分析图3.8（b）和（c）可知，从去离子水饱和阶段到主反应阶段再到大量离子渗出阶段，试样的孔隙结构整体动

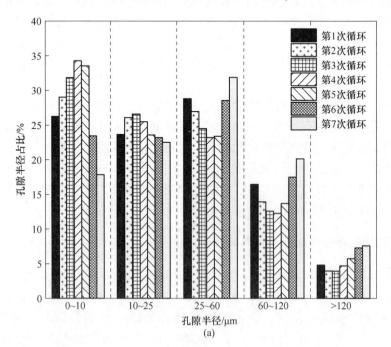

(a)

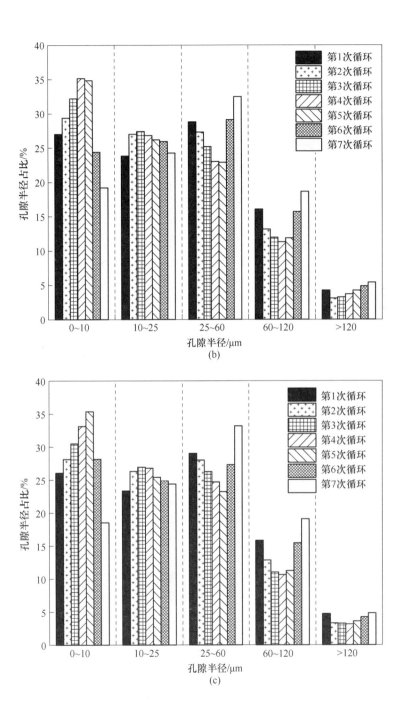

图 3.8 不同阳离子浸矿液浸矿第 1~7 次循环试样孔隙结构分布

（a）硫酸铵浸矿组；（b）硫酸镁浸矿组；（c）硫酸铝浸矿组

态演化规律是一致的，即稀土矿体中大孔隙和超大数量减少，微小孔隙、小孔隙和中等孔隙数量上升，矿体孔隙结构由大孔隙向中小孔隙动态演化。随着离子交换结束，孔隙结构再次由中小孔隙向大孔隙动态演化，整个矿体孔隙结构恢复到原先状态。

3.6 本章小结

离子吸附型稀土原地浸矿过程中，含有不同价态阳离子的浸矿液的注入，稀土离子的浸出率和浸矿液的渗透速率是评价浸矿液浸出效率的关键指标。通过采用不同价态阳离子的浸矿液进行室内模拟柱浸试验，系统地分析了 3 种不同价态浸矿剂在整个浸矿过程的浸取特征，包括浸矿速度、浸矿有效时间、浸出液稀土离子含量以及累计浸出率，借助 NMR 测试技术对比研究了了不同价态阳离子溶液浸矿过程稀土矿体孔隙结构动态演化规律，得出以下结论：

（1）室内模拟浸矿试验中，采用 2%（NH$_4$）$_2$SO$_4$、2% MgSO$_4$ 及 2% Al$_2$（SO$_4$）$_3$ 溶液浸矿，整个柱浸过程分成 4 个阶段：1）去离子水饱和阶段，该阶段只存在物理渗流作用，无离子交换反应；2）主反应阶段，该阶段发生了强烈的离子交换，但稀土离子的渗出滞后于离子交换反应，稀土浸出液中稀土离子浓度微量；3）离子渗流阶段，该阶段仍然存在少量的离子交换反应，回收溶液中稀土离子含量开始增加，达到峰值之后迅速降低；4）拖尾阶段，该阶段离子交换反应微弱，浸出的稀土离子浓度缓慢减少，存在拖尾现象。

（2）采用 2%（NH$_4$）$_2$SO$_4$、2% MgSO$_4$ 及 2% Al$_2$（SO$_4$）$_3$ 溶液浸矿，浸出稀土浓度峰值（c）大小关系为：$c_{Al_2(SO_4)_3} > c_{(NH_4)_2SO_4} > c_{MgSO_4}$；浸出稀土总质量（$m$）分别为：$m_{(NH_4)_2SO_4} = 44.92mg$、$m_{MgSO_4} = 46.69mg$、$m_{Al_2(SO_4)_3} = 40.46mg$。三组溶液浸矿的有效离子置换时间区域在主反应阶段，时间为 2.3~4.3h，循环次数为第 2~5 次，其间的出液速率（v）的大小关系为：$v_{(NH_4)_2SO_4} > v_{MgSO_4} > v_{Al_2(SO_4)_3}$。

（3）采用含有不同价态阳离子的浸矿液浸矿，从去离子水饱和阶段到主反应阶段再到大量离子渗出阶段，对比三组试样的 T_2 图谱及孔隙结构演化规律得到：试样在去离子水饱和之后，试样的 T_2 图谱主要呈现一个谱峰，主要集中在 1~200ms，随着浸矿的持续进行，试样的 T_2 图谱曲线先向右移再向左移，峰值上升后降低；将孔隙进一步划分发现离子交换诱发稀土矿体中大孔隙和超大孔隙数量减少，微小孔隙、小孔隙和中等孔隙数量上升，矿体孔隙结构由大孔隙向中小孔隙动态演化。随着离子交换结束，孔隙结构则由中小孔隙向大孔隙动态演化，整个矿体孔隙结构回复到原先状态。

（4）通过对饱和柱浸过程中不同价态阳离子与稀土离子置换过程规律及矿体孔隙结构演化的研究，对比分析浸矿液阳离子价态浸出稀土质量及对离子置换过程浸出液渗流和矿体孔隙的影响，就本章研究可置换的阳离子范畴而言，有利于离子型稀土矿浸出率最大化的离子价态为+2 价的 Mg^{2+}，有利于快速浸出稀土的离子价态为+1 价的 NH$_4^+$。

4 浸矿液浓度对稀土浸出过程的影响

4.1 概　述

通过第 3 章的研究内容可知：有利于离子型稀土矿浸出率最大化的离子价态为 +2 价的 Mg^{2+}，有利于快速浸出稀土的离子价态为 +1 价的 NH_4^+。此外，浸矿剂用量也是影响离子型稀土浸取效率的重要影响因素之一。一方面，浸矿剂用量过少会造成稀土浸取效率低、资源损失；另一方面，浸矿剂用量过多，则会造成浸矿剂浪费，同时也会引起矿区浸矿剂主要是氨氮的大量残留、对生态环境造成严重负担。因此合适的浸矿剂用量对实现离子型稀土的绿色高效开采意义重大。目前，离子吸附型稀土的开采正向高效、绿色、安全的精细化与信息化发展，参考目前离子型稀土矿山工业开采的实际状况，以镁盐为代表的无铵开采工艺的开发成为了新的研究热点，同时结合现有的理论研究，本章采用五种不同摩尔浓度的 $MgSO_4$ 溶液开展室内模拟柱浸试验（硫酸镁溶液的浓度包括：0.1mol/L、0.2mol/L、0.3mol/L、0.4mol/L 和 0.5mol/L），系统地分析不同摩尔浓度的硫酸镁溶液在离子型稀土浸出过程中的浸取行为。通过室内模拟柱浸试验得到不同浓度浸矿液浸出稀土的有效浸矿时间，同时测试出在浸矿过程中收集的稀土浸出液中的稀土离子含量，结合浸出液的体积计算不同浓度的浸矿液的浸矿效率，从而得到不同浓度下离子吸附型稀土离子交换的全过程。

本章的柱浸试验过程以 0.3mol/L $MgSO_4$ 溶液柱浸试验为主展开描述，0.1mol/L、0.2mol/L、0.4mol/L、0.5mol/L $MgSO_4$ 溶液柱浸试验过程与之保持一致。在对试验数据的分析过程中，分别从五组柱浸试验中选择最有代表性的试验组对其浸矿效果进行分析。同时，根据离子强度计算公式（见式（4.1））对不同浓度的硫酸镁溶液的离子强度进行了计算，也对浸矿液的其他化学参数进行了相关测试，其中各物质的量浓度硫酸镁溶液 pH 值经过测试三次取其平均值，不同摩尔浓度硫酸镁溶液的参数见表 4.1。

$$I = \frac{1}{2} \sum_{i=1}^{n} c_i \cdot z_i^2 \tag{4.1}$$

式中，I 为溶液离子强度，mol/L；c_i 为离子 i 的物质的量浓度，mol/L；z_i 为离子 i 所带的电荷数，如 NH_4^+ 就是 +1、Mg^{2+} 就是 +2、Al^{3+} 就是 +3。

表 4.1　不同摩尔浓度硫酸镁溶液的参数汇总表

浸矿液浓度/mol·L⁻¹	0.1	0.2	0.3	0.4	0.5
pH 值	5.82	5.97	6.53	6.79	6.82
溶质质量/g·L⁻¹	12	24	36	48	60
质量分数/%	1.2	2.4	3.6	4.8	6
阳离子浓度/mol·L⁻¹	0.1	0.2	0.3	0.4	0.5
离子强度/mol·L⁻¹	0.8	1.6	2.4	3.2	4

4.2　试验方法

　　此次试验采用离子型稀土柱浸法展开稀土浸矿试验，通过试验研究不同离子强度浸矿液（其中硫酸镁溶液的摩尔浓度分别为 0.1mol/L、0.2mol/L、0.3mol/L、0.4mol/L 及 0.5mol/L）浸取离子吸附型稀土的浸出效果，探讨浸矿离子强度对离子型稀土浸出效果的影响规律。每组试验对应 4 个重塑土柱进行室内模拟浸矿试验，采用蠕动泵控制硫酸镁溶液的流速为 0.3mL/min，柱浸试验装置如图 4.1 所示。本次柱浸试验前，先采用去离子水饱和试样，待去离子水的注入量和出液量相等时，认为此时土样完全饱和，同时也对饱和土样进行核磁共振测试，测试其孔隙度同时得到其孔隙反演图像。测试结束后，在盛浸矿液容器中加

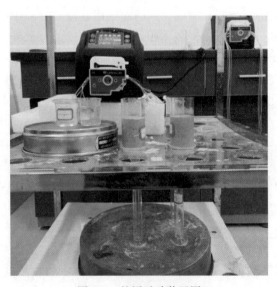

图 4.1　柱浸试验装置图

入充足的硫酸镁溶液，4 个试样同时开始用硫酸镁溶液进行柱浸试验，此时记录开始浸矿的时间。由于先前已采用去离子水饱和试样，当用硫酸镁溶液开始柱浸试样时，浸矿液在土样内部开始渗流作用。每浸矿半个小时后停止注入浸矿液，记录停止注液时刻，收集好浸出液待测，记录好母液的体积。再取出浸矿试样水平放置在核磁共振分析仪进行孔隙度测定，孔隙度测试完毕后放置好试样继续开始浸矿试验。每个浸矿循环都按照上述过程操作，当浸出液中的稀土离子含量低于 0.06g/L 时，停止注入浸矿液，浸矿试验结束。

4.3 不同浓度浸矿液浸矿结果分析

4.3.1 浸出液稀土离子浓度分析

在 5 组不同离子强度的浸矿液浸矿试验中，当收集了一定浸矿循环的浸出液后，采用 EDTA 进行预先滴定各浸矿循环收集到的浸出液中稀土离子浓度，通过 EDTA 的滴定结果确定停止注入浸矿液的时间。同样地，当浸出液中含有的稀土离子浓度低于工业最低品位时，停止注液，柱浸试验结束。对 5 组柱浸试验收集到的浸出液做好标记并妥善保存，浸出液中稀土离子含量测定统一采用 Agilent 8800 型电感耦合等离子体质谱分析仪测定。图 4.2 所示为不同离子强度硫酸镁溶液浸矿过程各个浸矿循环浸出稀土离子变化曲线图，由 5 组试样的柱浸试验得到了不同浸矿阳离子强度浸矿过程的浸出稀土离子浓度变化曲线。由图 4.2 可以得知，不同浓度下离子型稀土柱浸过程的稀土离子浸出总体规律。分析可知，由于先采用去离子水对试样进行了饱和，不同离子强度浸矿在前三次浸矿循环收集的浸出液中几乎没有稀土离子，由此可知去离子水不能将黏土矿物赋存的稀土离子置换出来。随着持续注入硫酸镁溶液，离子交换反应更为剧烈，第 4 次浸矿循环完成后收集的浸出液中有微量的稀土离子，表明稀土离子随溶液的渗出滞后于离子交换反应。第 5 次浸矿循环结束，5 组试验组收集的浸出液中测得稀土离子浓度均发生明显陡升，此时 0.2mol/L 和 0.3mol/L 试验组浸出液中稀土离子浓度便已经达到浸出稀土离子浓度峰值。而 0.1mol/L、0.4mol/L 和 0.5mol/L 试验组的浸出稀土离子浓度峰值相对滞后，在第 6 次循环浸矿结束达到峰值。其中 0.3mol/L 硫酸镁浸矿组峰值最高，0.1mol/L 的硫酸镁浸矿组峰值最低。随后 5 组不同浓度浸矿液浸矿组的浸出液稀土离子浓度均随着浸矿时间逐渐下降，最终浸出液中的稀土浓度逐渐接近最低开采品位，此时浸出液稀土离子浓度趋于平稳，离子交换反应几乎不再发生。同时结合柱浸过程中各个循环的实际状况，可把离子型稀土的柱浸过程划分为三个阶段：第一阶段为强烈反应阶段，5 组不同浓度条件下的试验的强烈反应阶段主要集中在浸矿开始后的 0.5~2h，该阶段试样内部发生大量的离子置换作用，但是由于溶液的渗出要明显滞后于离子交换反应，故此阶段的浸出液稀土离子含量几乎为0；第二阶段为离子渗出阶段，经过大量的离子置换反应，稀土离子被镁离子置换至溶液中流出，浸出液中的稀土离子浓度骤然上升再逐渐下降，5组试验在该阶段的时间集中在浸矿后的2~5h（第4~10次循环），该阶段收集到整个浸矿过程中90%的稀土离子含量，同时试样内部仍然存在少量的离子置换反应；第三阶段为拖尾阶段，0.1mol/L和0.5mol/L硫酸镁溶液浸矿组在拖尾阶段较少，而其他3组浸矿组则较为明显，主要集中在5~7h，此时浸出液稀土离子浓度逐渐趋于平稳且逐渐低于最低工业开采品位。

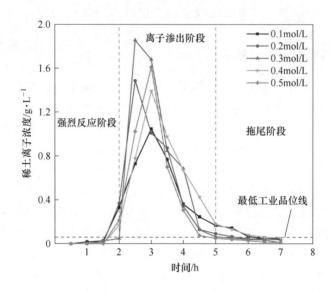

图4.2 不同浓度硫酸镁溶液浸矿浸出液中稀土离子浓度变化曲线

4.3.2 有效离子交换过程分析

通过对不同浓度的硫酸镁溶液浸矿过程浸出液中的稀土离子浓度分析，可以得知当开始注入硫酸镁溶液时，黏土矿物表面稀土离子便与浸矿阳离子发生剧烈的离子交换反应，赋存在黏土颗粒表面的稀土离子被镁离子置换到溶液中，由于置换下来的稀土离子随溶液在试样中的渗出需要时间，故在前期（第1~3次浸矿循环）收集的浸出液中基本不含稀土离子；在离子渗出阶段，此时试样内部的离子置换反应已经减缓，而第一阶段解吸下来的稀土离子大量渗出，所以该阶段的各个循环阶段的稀土离子浓度逐渐上升，且收集到的稀土含量几乎占据了整个浸矿过程浸出稀土含量的90%；在拖尾阶段，5组试验组试样内部的化学置换反应很少发生，此时收集到的浸出液中稀土离子浓度极低。因此可以得出，浸矿的有效时间主要集中在强烈反应阶段，该阶段发生了大量离子交换反应，也是该试样浸出的有效离子交换时间段，时长为 2h 左右，所对应循环阶段为第 1~4 次浸矿循环。

4.3.3 浸矿液浓度对稀土浸出率的影响

离子型稀土浸矿过程是否可以取得良好的化学置换效果以提升稀土回收率，主要在于浸矿液阳离子的化学置换稀土离子的能力及浸矿液在矿体中的扩散能力。而稀土矿体与浸矿液界面产生的浓度梯度是影响浸矿液在土样中扩散的一个关键因素，由此足以得出浸矿液阳离子强度对黏土矿物表面的离子交换反应速率及交换效率的重要性。通过开展不同摩尔浓度的硫酸镁溶液柱浸试验，得到了浸矿液浓度对离子型稀土浸出率的影响，如图 4.3 所示。由图可知，5 组浸矿液阳离子柱浸组在 0~1.5h 的稀土浸出率几乎都为 0，在浸矿 2h 后，稀土浸出率开始快速上升，在 4~5h 达到最大值，最后趋于平稳。当浸矿液阳离子强度增加，稀土浸出率逐渐增加，当硫酸镁摩尔浓度增加至 0.3mol/L 时，稀土浸出率最高（80.4%）；当硫酸镁摩尔浓度超过 0.3mol/L 时，此时稀土浸出率却有所下降，且 0.5mol/L 的硫酸镁溶液浸矿稀土浸出率更低。根据浸出稀土过程中的等价交换原则，0.5mol/L 的硫酸镁溶液中镁离子浓度最高，交换试样中稀土离子的能力是最强的，而浸出率并没有增大反而减小。这是由于浓度高的浸矿液在阳离子与稀土离子发生交换反应过程中更为剧烈，会对稀土离子参与晶体结构造成破坏，因此土骨架发生改变，孔径变小，影响浸矿液在土体内的渗流，从而影响其浸矿效率。综合分析可得，在本次试验条件下，最佳硫酸镁浸矿浓度为 0.3mol/L。为了进一步探究高浓度的浸矿液浸出稀土的浸出率偏低的机理，则需要对浸矿过程浸

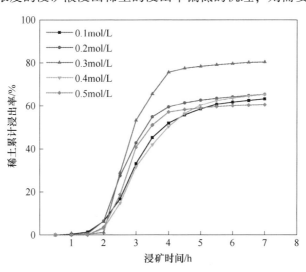

图 4.3 不同浓度浸矿液浸矿稀土的浸出率

出液的出液速率以及试样的孔隙结构演化规律进行更为深入的研究。

4.3.4 浸矿液浓度对溶液渗流的影响

离子吸附型稀土浸出过程中既存在物理渗流作用，也存在不同程度的化学置换反应，对试样内部的孔隙结构造成一定的影响，从而导致浸出液的出液速率存在差异。通过确定离子吸附型柱浸过程的浸矿有效时间，对该时间段内的出液速率进行分析，主要是对第 1~4 次浸矿阶段的出液速率进行分析。其中，图 4.4 所示为浸矿有效时间内浸矿液浓度对试样的出液速率的影响，图 4.5 所示为浸矿有效时间内浸矿液浓度对浸出液的平均出液速率的影响。从图 4.4 及图 4.5 可以得出，0.1mol/L 硫酸镁浸矿组在第 3 次循环阶段内出液速率最大，此时收到的浸出液体积最多；0.2mol/L 浸矿组在第 1 次循环阶段时试样的出液速率最大；0.3mol/L 硫酸镁浸矿组在 1 次浸矿循环阶段出液较为平缓，在第 3 次浸矿循环中母液出液速率最大；0.4mol/L 硫酸镁浸矿组在 1 次浸矿循环阶段中出液速率最快且出液速率逐渐减小；0.5mol/L 硫酸镁浸矿组出液速率先减小再增加。5 组浸矿试验组的平均出液速率有一定的差异，0.3mol/L 硫酸镁浸矿组的平均出液速率较为居中，总体介于 0.24~0.28mL/min 浸矿组试样的平均出液速率之间。为了建立出液速率的差异与浸矿液摩尔浓度、试样内部浸矿阶段对应的孔隙度等之间的关系，还需要进一步分析浸矿液浓度对稀土矿体孔隙结构演化的影响。

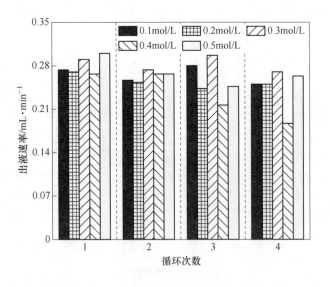

图 4.4 浸矿液浓度对试样出液速率的影响

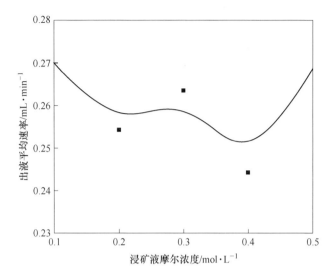

图 4.5　浸矿液浓度对浸出液平均出液速率的影响

4.4　浸矿液浓度对稀土矿体孔隙结构演化的影响

4.4.1　试样孔隙度分析

　　试样的孔隙度表示试样中孔隙的含量占比多少，其在一定程度上反映了试样的密实程度及土样的渗透性能，通过测试浸矿过程中各浸矿循环阶段试样的孔隙度，可以从侧面分析浸矿过程中浸矿液在试样内部的渗流状况[93]。而孔隙之间的连通性对其渗透性影响起关键作用，浸矿液的渗流及浸出液的出流都受其影响。当试样内部的孔隙连通得越多，形成有效渗流通道，浸出液的出液速率就会增大，进一步缩短浸矿周期，由此对试样浸矿过程中的各个循环试样的孔隙度进行分析。在本次试验中，主要对浸矿有效时间内的浸矿循环试样的孔隙度进行分析，得到了孔隙度变化曲线，如图 4.6 所示。从图 4.6 可以得知，5 组试验组在浸矿过程中试样的孔隙度随着浸矿时间的推移逐渐增大，但是增加的幅度各有差异。0.5mol/L 硫酸镁浸矿组的孔隙度增加幅度最大高达 10%，0.2mol/L 硫酸镁浸矿组孔隙度增加幅度次之，为 9%，而 0.1mol/L、0.3mol/L 和 0.4mol/L 硫酸镁试验组孔隙度变化较小。总体上 0.5mol/L 硫酸镁浸矿组的孔隙度要大于其他浸矿组，0.3mol/L 硫酸镁浸矿组的孔隙度要小于其他浸矿试验组。试样在浸矿过程中的孔隙度增加主要是由于前期的去离子饱和试样使得试样内部原本未连通的孔隙互相连通，当换成硫酸镁溶液开始柱浸时，浸矿液中的 Mg^{2+} 与黏土矿物表面的稀土离子发生化学置换反应，同时溶液在试样中发生物理渗流作用，使孔隙结构发生变化，进一步导致孔隙度增加，而浸矿过程中试样的孔隙度会影响浸出液的出流效率。根据浸矿过程中各组试验试样的孔隙度也可以得出 0.3mol/L 硫酸镁浸矿组的回收速率较好。由于孔隙度反映试样整体的渗透性，因此还必须对浸矿过程试样内部的孔隙结构分布进行细化分析。

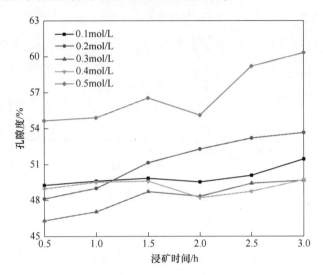

图 4.6 有效时间内试样孔隙度变化曲线

4.4.2 试样 T_2 图谱

根据核磁共振弛豫基本原理可知，试样内部的孔隙半径与 T_2 图谱中的弛豫时间成正比，试样内部的孔隙越小，其横向弛豫时间便越小，在一定程度上不同的弛豫时间代表了不同半径的孔隙；同时，当弛豫时间一定时，对应的 T_2 图谱上的值越大，表示该孔隙数量越多，即 T_2 图谱中曲线代表了不同孔隙的占比。通过测试，本次试验得到了不同浓度浸矿液在主要浸矿循环阶段试样的核磁共振 T_2 图谱，如图 4.7 所示。图 4.7（a）所示为 0.1mol/L 硫酸镁浸矿组试样第 1~6 次循环 T_2 图谱分布。由 4.3.1 小节分析可知，不同浓度硫酸镁浸矿组试样的主要的化学置换反应在第 1~6 次浸矿循环，故此主要对第 1~6 次浸矿循环的孔隙演化进行分析。根据各个浸矿循环的 T_2 图谱曲线特征，将其分成 3 个主要部分，分别为 A 区域（0~1.5ms）、B 区域（1.5~25ms）、C 区域（>25ms）。对图 4.7 （a）分析可知，在第 1~6 次浸矿循环中，T_2 图谱的变化趋势大致相同，总体表现为在 A 区域先上升再减小，B 区域逐渐上升至峰值，C 区域逐渐下降最后接近于 0。由此可知，A 区域所对应的孔隙占比较少，而 B 区域对应的孔隙占比最多，C 区域对应的孔隙占比次之。在主要的化学置换反应阶段，第 1~3 次浸矿循环的

T_2 图谱曲线先不断左移，第 4~6 次浸矿循环 T_2 图谱曲线向右移动，说明在第 1~3 次浸矿循环中，试样在 A 区域内对应的孔隙度分量基本不变，且对应的不同半径孔隙占比基本不变；B 区域内对应的孔隙度分量增加，不同半径孔隙占比增加；C 区域内对应的孔隙度分量减小，此时该区域内对应的不同孔径的孔隙占比减小。在第 4~6 次浸矿循环中，试样在 A 区域内对应的孔隙度分量也是基本保持不变，且对应的不同半径孔隙占比基本不变；B 区域内对应的孔隙度分量减小，不同半径孔隙

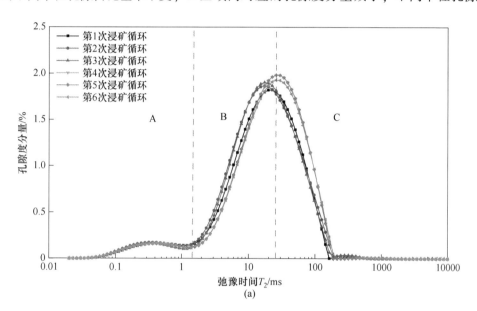

(a)

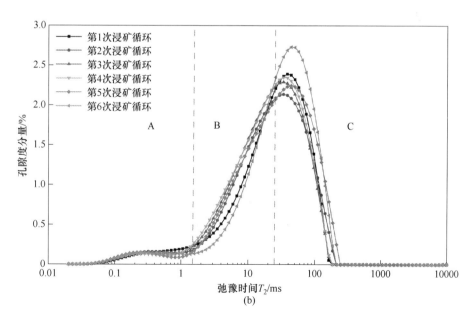

(b)

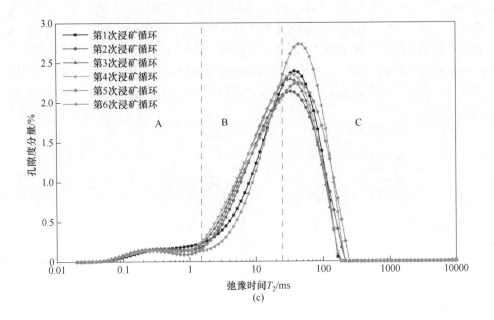

(c)

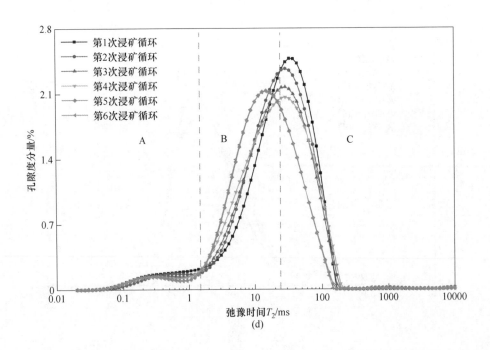

(d)

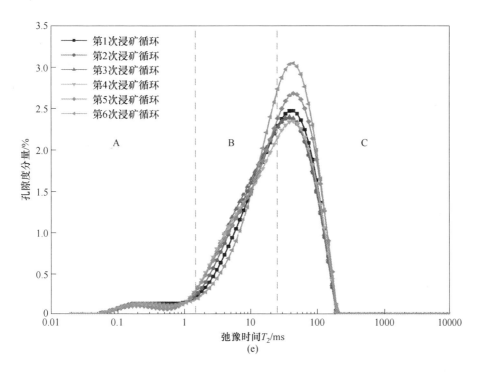

图 4.7　不同阳离子强度硫酸镁浸矿液浸矿试样第 1~6 次循环 T_2 图谱分布

（a）0.1mol/L；（b）0.2mol/L；（c）0.3mol/L；（d）0.4mol/L；（e）0.5mol/L

占比减小；C 区域内对应的孔隙度分量增加，此时该区域内对应的不同孔径的孔隙占比增加。在第 1~6 次浸矿循环中，试样内部发生大量的离子交换反应，试样内部的黏土颗粒的双电层厚度减小，此时黏土颗粒间的范德华力与双电层斥力的原本平衡被打破，且此时主要是范德华力在起主要作用，使得试样内部的微细颗粒累积，试样内部的孔隙堵塞，因此在第 1~3 次浸矿循环时 C 区域对应的孔隙转向为 B 区域的对应孔隙，表现为 C 区域对应的孔隙减小而 B 区域对应的孔隙占比增多。而随着离子交换反应速率逐渐减缓，且此时稀土离子也随着溶液不断流出，此时试样内部溶液中的离子强度减小，使黏土微细颗粒的双电层厚度增大，此时双电层斥力开始凸显，使得原本将试样内部的孔隙堵塞的微细颗粒解吸下来，此时 B 区域内所对应的孔隙向 C 区域所对应的孔隙演化，具体表现为 C 区域所对应的孔隙占比增多，B 区域所对应的孔隙占比减少。图 4.7（b）~（e）所示分别为 0.2mol/L、0.3mol/L、0.4mol/L、0.5mol/L 硫酸镁浸矿组试样第 1~6 次循环 T_2 图谱分布，在各组试样的第 1~6 次浸矿循环试样内部的孔隙变化规律基本一致。即在浸矿过程中，第 1~3 次浸矿循环 C 区域所对应的孔隙向 B 区域所对应的孔隙转换，此时 B 区域所对应的孔隙数量增大。而 C 区域所对应的孔隙数量减小，但是随着浸矿液浓度的增加，C 区域对应的孔隙度分量也逐渐增加，T_2 图谱的峰值也逐渐向右移动，此时 C 区域的孔隙数量增加。在第 4~6 次浸矿循环 B 区域所对应的孔隙向 C 区域所对应的孔隙转换，此时 C 区域的孔隙数量增加，B 区域对应的孔隙相应减小。总体上第 1~6 次浸矿循环随着浸矿液浓度的增加，T_2 图谱的峰值向右移动，即表明浸矿液浓度的增加促使试样中 B 区域所对应的孔隙向 C 区域所对应的孔隙转换。

4.4.3　试样孔隙结构演化规律

根据图 4.7 可知，浸矿过程中试样的 T_2 图谱主要集中在 0.1~200ms 范围内，而 0.1~200ms 所对应的孔隙半径范围较大，故根据其对应的孔隙半径将其具体划分为 4 类，分别是小孔隙（0~25μm）、中孔隙（25~60μm）、大孔隙（60~120μm），以及超大孔隙（>120μm），再根据对应的孔隙数量变化进一步探讨在浸矿过程中试样内部孔隙演化规律。5 组试验不同浸矿循环试样内部孔隙分布及占比变化如图 4.8 所示，其中图 4.8（a）所示为 0.1mol/L 硫酸镁浸矿组第 1~6 次浸矿循环试样内部孔隙分布孔隙演化结果。在试样饱和之后加入硫酸镁溶液，其中前三次硫酸镁浸矿循环是离子交换反应强烈发生阶段，从图中可以看出小孔隙的数量迅速上升，而中孔隙、大孔隙及超大孔隙的数量在减少；在第 4~6 次浸矿循环中，中孔隙、大孔隙和超大孔隙开始有所增加，而小孔隙数量减少且减少迅速。结果表明，在发生强烈的离子交换反应时，试样内部的小孔隙迅速增多，

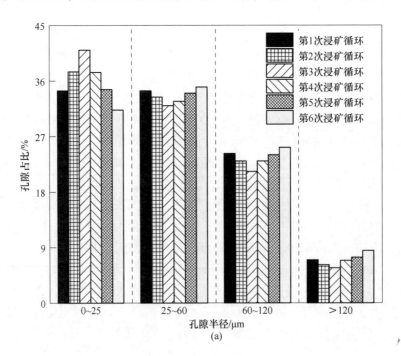

(a)

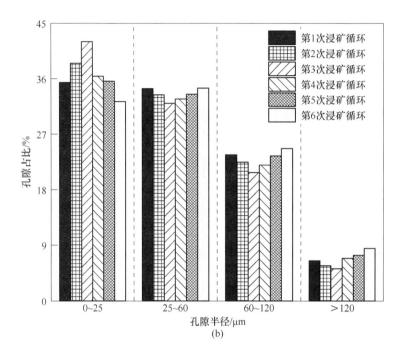

(b)

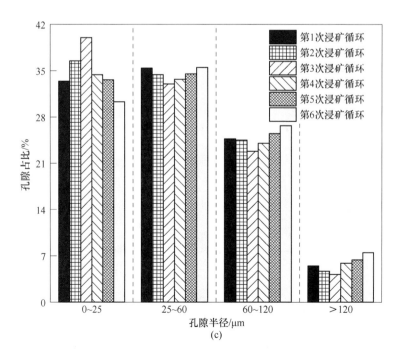

(c)

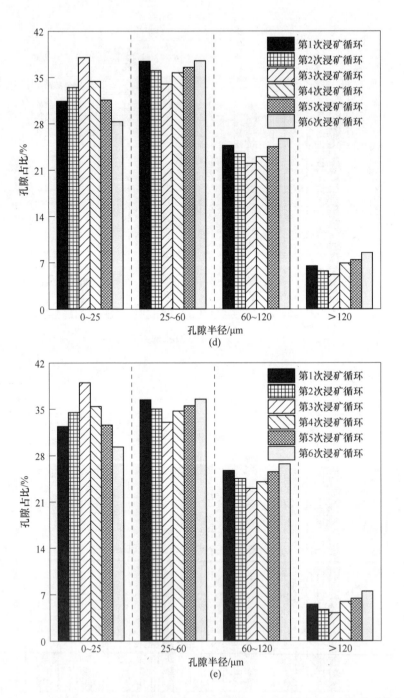

图 4.8　不同阳离子强度硫酸镁浸矿液浸矿试样第 1~6 次循环试样内部孔隙分布

（a）0.1mol/L；（b）0.2mol/L；（c）0.3mol/L；（d）0.4mol/L；（e）0.5mol/L

而大孔隙和超大孔隙却减小，说明此时大孔隙和超大孔隙朝着小孔隙演化。其主要机理是在强烈的离子交换反应的作用下黏土颗粒的双电层被压缩，此时范德华力起主导作用，使黏土颗粒之间更为紧密。而当离子交换反应减缓时，试样内部溶液中的离子强度减小，使得黏土微细颗粒的双电层厚度增大，双电层斥力开始起主导作用，使得原本将试样内部的孔隙堵塞的微细颗粒解析下来，小孔隙又朝着大孔隙和超大孔隙演化。试样内部的这种孔隙演化影响了试样内部浸矿液的物理渗流作用，也会导致试样内部溶液的渗透效果，进一步影响稀土离子的出流速率。

图 4.8（b）～（e）则为 0.2～0.5mol/L 硫酸镁浸矿组第 1～6 次浸矿循环试样内部孔隙分布孔隙演化结果，由图可以得知，在浸矿有效时间内试样内部的孔隙结构演化特征是相似的，在发生强烈的离子交换反应时试样内部孔隙主要以小和中孔隙为主且小孔隙数量迅速增多，大孔隙和超大孔隙占比较少且数量减小，在大量的离子交换反应结束，此时小孔隙向大孔隙和超大孔隙演化，小孔隙数量减小，孔隙分布基本恢复至试样饱和状态。

4.5　本章小结

为了研究浸矿液浓度对离子型稀土浸出效果的影响，配置了不同浓度浸矿液进行室内模拟柱浸试验，对离子吸附型稀土浸矿过程中浸出液中的稀土离子浓度、浸矿过程离子交换有效时间、收液体积、出液速率等进行系统分析，同时对比研究了不同价态阳离子溶液浸矿过程稀土矿体孔隙结构动态演化规律，得出以下结论：

（1）通过开展室内模拟柱浸试验，采用 0.1mol/L、0.2mol/L、0.3mol/L、0.4mol/L 和 0.5mol/L 硫酸镁溶液浸矿，浸出液中稀土离子浓度从几乎为 0，逐渐增加再逐渐下降最后趋于最低开采品位，5 组浸矿试验组均在第 5～6 次循环阶段结束后浸出液稀土离子浓度达到最大，其中 0.3mol/L 硫酸镁浸矿组浸出液的稀土离子浓度峰值最高，且在第 5 次循环结束后便达到了峰值，0.2mol/L 硫酸镁浸矿组浸出液稀土离子浓度峰值次之，也是在第 5 次循环结束后达到峰值，其他 3 组浸矿组则在第 6 次循环结束后达到峰值，0.3mol/L 浸矿组浸出液中稀土离子达到任意浓度的时间最短。

（2）对重塑土样进行去离子水饱和后，改换硫酸镁溶液开始柱浸试验，土样内部开始发生强烈的离子交换反应，浸矿液浓度会对试样内部离子交换反应的程度产生影响。当在低浓度浸矿液环境下，随浸矿液浓度的增加，离子交换反应朝着正向进行，且反应速率和效率更高，此时所需的浸矿时间更短；在高浓度浸矿液环境下，此时增大浸矿液浓度，浸矿有效时间几乎不发生改变，但却增加了浸矿的成本，由此确定浸矿有效时间主要在发生在强烈离子交换阶段，5 组不同浓度硫酸镁溶液试验组的离子交换有效时间在 2~2.5h，循环次数为第 1~5 次。

（3）通过对不同浓度硫酸镁溶液浸矿的浸出液稀土离子含量分析，得出浓度对离子型稀土浸出率的影响规律，5 组浸矿试验组的稀土浸出率随着浸矿时间的推移逐渐增长但增加的速率逐渐减缓，最后趋于平缓。当浸矿液摩尔浓度低于0.3mol/L 时，随着浸矿液浓度的增加，稀土浸出率也增加，且 0.3mol/L 浸矿组的稀土浸出率最高（80.4%），增长的速率最快。

（4）采用不同浓度硫酸镁溶液浸矿，各试验组试样的出液速率介于 0.24~0.28mL/min 之间，0.3mol/L 硫酸镁浸矿组在离子交换有效时间内的出液速率为0.264mL/min，在 5 组试验中出液速率较为适中；0.2mol/L 硫酸镁浸矿组在离子交换有效时间内的出液速率最大（0.27mL/min）。试样的出液速率直接受试样内部孔隙结构组成、孔隙度等因素影响，但浸矿液浓度通过影响离子交换反应的速率间接影响孔隙度及其结构组成，进而造成试样的出液速率差异。

（5）通过对浸矿过程中的稀土试样进行孔隙结构测定，得到不同浓度的硫酸镁浸矿组离子交换有效时间内浸矿循环试样内部孔隙分布及演化结果。结果表明：在试样饱和到第 3 次硫酸镁浸矿循环结束阶段，试样内部孔隙结构小孔隙的数量迅速上升，而中孔隙、大孔隙以及超大孔隙的数量减小；在第 4~6 次浸矿循环中，中孔隙、大孔隙和超大孔隙增加，小孔隙数量迅速减小，分析认为这是由浸矿过程中试样内部发生离子交换反应引起的。

5 浸矿液 pH 值对稀土浸出过程的影响

5.1 概　述

众多研究表明，在原地开采过程中 H^+ 进入到矿土中会与之发生相互作用，不仅会导致矿石物理和化学性质的改变，如矿石的物相和表面电荷特征发生的显著变化，而且还会影响稀土离子与铝离子、铁离子等金属离子的水解行为及其在溶液中的存在形态，从而影响各元素在矿石中的吸附、解吸、形态转化、积累和迁移等，最终会对稀土浸出过程产生直接影响[118-120]。本章结合第 4 章研究得到的最佳的浸矿浓度为基础，利用质量浓度 2% 的稀硫酸分别调整摩尔浓度为 0.3mol/L 硫酸镁溶液的 pH 值为 2、2.5、3、3.5、4、4.5，通过开展 6 组不同 pH 值的硫酸镁溶液室内柱浸试验，探讨浸矿液 pH 值对离子吸附型稀土矿浸出效果影响规律。通过测定不同 pH 值硫酸镁在柱浸过程中收集的浸出液稀土离子浓度和其相应的 pH 值，分析柱浸试验的离子交换有效时间和浸出液的浸出速率，并结合离子吸附型稀土各个浸矿循环阶段试样的孔隙度来分析浸矿液 pH 值对浸矿效果的影响规律，进一步阐述浸矿液 pH 值对离子型稀土浸出液中稀土浓度和出液速率的影响，确定硫酸镁溶液浸矿体系下离子型稀土浸出的最佳 pH 值，为绿色安全高效的离子吸附型稀土开采提供科学理论依据。

5.2 试验方法

柱浸的试验装置设计图如图 5.1 所示，主要由用于盛浸矿液的烧杯、控制浸矿液流速的蠕动泵、重塑土样管柱、滤纸、漏斗、透水石、小量筒等组成。本次试验设计的重塑稀土试样规格为径高比 40mm∶60mm 的圆柱土柱，土样上方和底部都垫有一层滤纸，注液管穿过管柱孔直接注液浸矿。首先称取 111g 土样，按照 2.2.3 小节所述重塑土样，确保达到设计尺寸；再利用岩土微结构分析仪测试重塑土样的孔隙度，选择孔隙度较为接近的试样进行下一步试验，减少因试样差异带来的试验误差；安装好试样之后，调试蠕动泵并校准，调整流速为 0.3mL/min，用去离子水对重塑土样进行饱和，记录开始时间，待注入的去离子水量与出液量体积相等时，停止注液，记录饱和时间，并测试饱和试样孔隙度，获取饱和状态下试样核磁共振反演图像；饱和试样测试结束后，换用 pH=2 的硫酸镁溶液开始浸矿试验，记录开始时间；试验分阶段进行，以半小时为一阶段，待柱浸半小时后，收集好浸出液，记录收液体积并做好记录，收集好的浸出液用分液管妥善保管，取一定量的液体用于测定其稀土离子含量，剩余的则用于测定其 pH 值；柱浸半小时的试样利用基于核磁共振技术的岩土微结构分析仪测试其孔隙度、孔隙结构组成以及得到其核磁共振反演图像，测试结束后，继续开始浸矿；重复上述步骤，直至收集到的浸出液中稀土离子浓度不高于 0.06g/L 时，停止注液，试验结束；浸出液中的稀土离子浓度采用 ICP-MS 测定；硫酸镁溶液 pH 值为 2.5、3、3.5、4 和 4.5 的试验组的试验过程与硫酸镁溶液 pH=2 试验组保持一致。

图 5.1　试验装置图

5.3　浸矿液 pH 值对稀土浸出效果的影响

5.3.1　浸出稀土浓度分析

6 组试验组柱浸试验共收集了 17 次浸出液，浸矿试验时间 8.5h。通过测定各个浸矿循环浸出液中的稀土离子浓度，得到不同 pH 值硫酸镁溶液浸矿过程浸出液中的稀土离子浓度变化曲线，如图 5.2 所示。由图 5.2 可以看出，6 组浸矿试验组的浸出液中的稀土离子浓度变化主要分为三个阶段，具体表现为几乎为：零—突然上升—下降至最低工业开采品位。第一阶段无稀土离子浸出，主要是在第 1~3 个浸矿循环，该阶段内试样内部发生了大量的离子交换反应，黏土矿物表面的稀土离子被阳离子置换至溶液中，该阶段反应主要发生在试样上部，由于稀土离子随溶液的渗出滞后于离子交换反应，故浸出液中几乎不含稀土离子；第二阶段各组试验组的稀土离子浓度突然上升直至峰值，pH＝4 试验组主要是在第 4~5 次浸矿循环，第 5 次循环便达到峰值，且峰值最高，pH＝3.5 和 4.5 的试验组主要是在第 4~6 次浸矿循环，在第 6 次循环达到峰值，pH＝2、2.5 和 3 的三组试验组主要是在第 4~7 次浸矿循环，在第 7 次浸矿循环达到峰值。在强烈反应阶段，被置换出的稀土离子随溶液渗出，浸出液中的稀土离子浓度上升；第三阶段是稀土离子下降至最低工业开采品位，6 组试验组浸出液中稀土离子浓度在达到峰值后均迅速下降，其中 pH＝3.5、4 和 4.5 的试验组拖尾较为严重，而 pH＝2、2.5 和 3 试验组几乎没有拖尾现象；同时发现酸度越大，几乎不发生拖尾现象，相反酸度越小，拖尾现象更为严重。

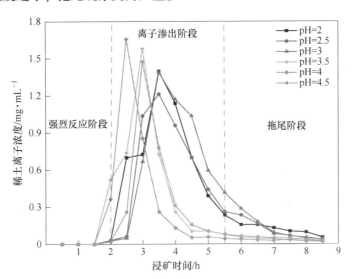

图 5.2　不同 pH 值硫酸镁浸矿液浸矿过程浸出液中稀土离子浓度变化

5.3.2　有效离子交换时间分析

通过 5.3.1 小节分析可得，当使用硫酸镁溶液开始柱浸试验时，吸附在黏土颗粒表面的稀土离子便发生强烈的化学置换反应，经过置换反应解析下来的稀土离子随溶液在试样中出流需要时间，故在前期（第 1~3 次浸矿循环）收集的浸出液中稀土离子含量几乎为 0；在离子渗出阶段，此时试样内部的化学置换反应已经减缓，而第一阶段解析下来的稀土离子大量渗出，所以该阶段的各个循环阶段浸出液中的稀土离子浓度迅速上升，且该阶段内收集到的稀土含量几乎占据了整个浸矿过程浸出稀土含量的 90%；在拖尾阶段，试样内部的化学置换反应极其微弱，收集的浸出液中稀土离子含量较少，低于工业最低开采品位。因此可以得出，浸矿的有效时间主要集中在强烈化学反应阶段，5 组不同 pH 值的浸矿液试验组的离子交换有效时长均为 2h 左右，对应循环阶段为第 1~4 次浸矿循环阶段。

5.3.3 稀土浸出率分析

利用电感耦合等离子体质谱仪测试 6 组浸矿组的浸出液，得到各浸矿循环浸出液中的稀土离子浓度，得到 6 组试验组浸出过程中不同时刻的稀土浸出率。图 5.3 所示为不同 pH 值硫酸镁溶液浸矿过程稀土浸出率的变化曲线，由图可以看出 6 组不同 pH 值硫酸镁浸矿过程中稀土浸出率都呈现出为先增加最后趋于平稳的趋势，在前三个浸矿循环中 6 组试验组的稀土浸出率均为 0，在第 4 个浸矿循环结束后稀土浸出率开始上升，主要集中在第 4~12 个浸矿循环，该阶段稀土浸出率增长速率极快，其中 pH=3.5 和 pH=4 试验组稀土浸出率增长最快，在第 10 个浸矿循环结束后便趋于平稳，pH=2.5 和 pH=3 试验组稀土浸出率的上升速率相比之下上升速率较为平缓，在第 12 个浸矿循环结束后其稀土浸出率趋于稳定，pH=2 和 pH=4.5 试验组在第 4~11 个浸矿循环内稀土浸出率逐渐增加，其增加的速率介于其他四组之间。在第 12 个浸矿循环阶段后，稀土浸出率趋于稳定，此时浸出液中的稀土含量很小。

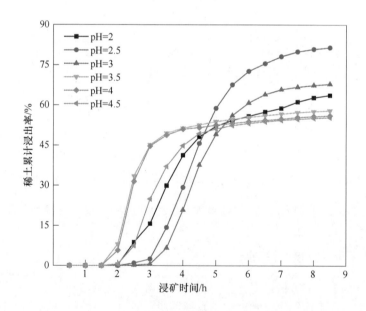

图 5.3 不同 pH 值硫酸镁浸矿液浸出过程中稀土浸出率

图 5.4 所示为不同 pH 值硫酸镁溶液对稀土浸出率的影响。由图中可以得知，当浸矿液的 pH 值减小时，稀土浸出率是先逐渐增加然后减小，当 pH>2.5 时，降低硫酸镁溶液 pH 值，稀土浸出率得到提升，这是由于此时黏土矿物处于弱酸性环境下，浸矿液 H^+ 增加，促进了稀土离子交换正向进行，提高了离子交换的反应效率。当

pH<2.5时，降低硫酸镁溶液 pH 值，此时稀土浸出率却减小，当溶液 pH 值降低时，黏土微细颗粒表面的电位上升，H⁺被黏土矿物表面吸附，对溶液中的 Mg^{2+} 造成了排斥作用，对离子交换反应起到了抑制作用，最终导致稀土浸出率降低。当溶液 pH = 2.5 时，此时的稀土浸出率最高（81.5%），浸出的稀土离子含量最大。

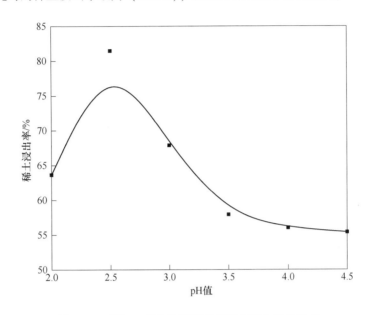

图 5.4 不同 pH 值硫酸镁溶液对稀土浸出率的影响

5.3.4 浸出液 pH 值分析

通过测定 6 组试验组收集的浸出液 pH 值，得到表 5.1 硫酸镁溶液柱浸离子吸附型稀土前后 pH 值对比表。从表中可以看出，当硫酸镁浸矿液 pH>2.5 时，ΔpH 随着浸矿液的 pH 增大而减小，当浸矿液 pH=2.5 时，ΔpH 最大为 4.39，而当浸矿液 pH<2.5 时，ΔpH 减小。主要由于黏土矿物中含有 Al—OH 和 Si—OH 等基团[89]，这些基团在置换反应过程会在一定程度上对溶液 pH 值产生缓冲作用，当浸矿液的 pH 值较大时，吸附在黏土颗粒表面的 H⁺会被解吸下来随溶液出流，使得浸出液 pH 值较低；而当 pH<2.5 时，溶液中存在的 H⁺数量相对较多，H⁺会与—OH 基团发生反应，吸附在黏土矿物表面的 H⁺数量增多。

表 5.1 硫酸镁溶液柱浸离子吸附型稀土前后 pH 值对比表

浸矿液 pH 值	2	2.5	3	3.5	4	4.5
浸出液最终 pH 值	5.73	6.89	6.82	6.39	6.34	5.95
ΔpH	3.73	4.39	3.82	2.89	2.34	1.45

图 5.5 所示为不同 pH 值硫酸镁溶液对离子型稀土浸出液母液 pH 值的影响。从图中可以看出，6 组试验的浸出液的 pH 值在前 3 个浸矿循环中都表现为 pH 值逐渐增加，再逐渐降低，最后回升至第 1 次浸矿循环结束后的 pH 值左右。6 组试验组浸出液 pH 值的变化趋势说明不同 pH 值的硫酸镁试验组在浸矿过程中溶液中的 H^+ 在试样中的迁移趋势相似。浸出液 pH 值的变化趋势大概可以分为三个阶段：第一阶段为 pH 值增长阶段，6 组试验组浸出液 pH 值均缓慢增大，主要是因为该阶段内前期主要是因为溶液中的 H^+ 与黏土矿物中的—OH 基团发生反应，H^+ 附着在黏土颗粒表面，浸出液中 H^+ 数量减小 pH 值增加。第二阶段为 pH 值下降阶段，pH = 2.5 和 pH = 3 试验组集中在第 3~8 次浸矿循环，浸出液 pH 值降低，且降低的速率较为缓慢；pH = 2 试验组集中在第 3~7 次浸矿循环，浸出液 pH 值下降幅度较大；pH = 3.5、4 和 4.5 试验组集中在第 3~5 次浸矿循环，浸出液 pH 值下降速率较快。第三阶段是 pH 值上升阶段，6 组试验组浸出液 pH 值在降低到最小值后便缓慢上升，最后趋于稳定，接近第一次浸矿循环结束后的浸出液 pH 值。浸出液 pH 值出现上述现象的原因可能是在第二阶段试样内部经过强烈的离子交换后，溶液中的 H^+ 同浸矿阳离子的竞争减弱，同时吸附在黏土矿物表面的 H^+ 被解析下来，溶液中的 H^+ 含量增多随溶液流出，此时浸出液 pH 值降低，而稀土离子浓度上升。在第三阶段内，由于浸矿液持续注入，但试样内离子交换反应很少，此时溶液中的 H^+ 同黏土矿物的—OH 基团吸附，浸出液中 H^+ 含量较低，pH 值增大。

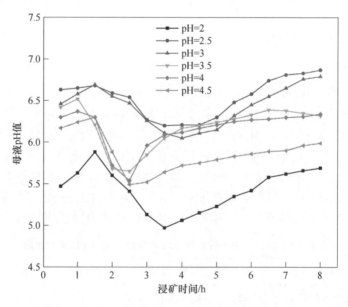

图 5.5 不同 pH 值硫酸镁溶液对离子型稀土浸出液 pH 值的影响

5.3.5 浸矿液 pH 值对浸矿液渗流的影响

通过记录收集离子吸附型的柱浸试验各浸矿循环内的收液体积,计算得出 6 组试验组试样的出液速率,此处主要分析在浸矿有效时间内的浸出液的出液速率。图 5.6 所示为不同 pH 值硫酸镁浸矿液在离子交换有效时间内浸出液出液速率,从图中可以看出,在离子交换有效时间内,6 组浸矿试验组的出液速率变化幅度不大,pH=2 试验组试样的出液速率先增加再减小;pH=2.5 试验组在浸矿有效时间内试样的出液速率基本保持不变,维持在 0.25mL/min;pH=3 试验组在浸矿有效时间内试样的出液速率先减小后增大,pH=3.5 试验组在浸矿有效时间内试样的出液速率一直增大,pH=4 试验组在浸矿有效时间内试样的出液速率几乎保持不变,出液速率保持在 0.282mL/min 左右,pH=4.5 试验组在浸矿有效时间内试样的出液速率先减小后增大,产生该现象的原因可能是浸矿液 pH 值在浸矿有效时间内对离子交换的速率影响程度不同,而试样的出液速率主要受浸矿过程矿体内部孔隙结构的影响。

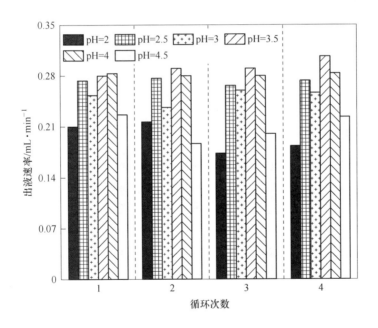

图 5.6 不同 pH 值硫酸镁浸矿液浸矿有效时间内试样的出液速率

图 5.7 所示为不同 pH 值硫酸镁浸矿液浸矿有效时间内浸出液平均出液速率曲线,可以看出在浸矿有效时间内浸出液的平均出液速率差异较大,pH=2 时浸出液的平均出液速率最小,而 pH=3.5 时浸出液的平均出液速率最大,且两者之间的差值接近相对较大,pH=2.5 时浸出液平均出液速率介于两者之间,较为适中。

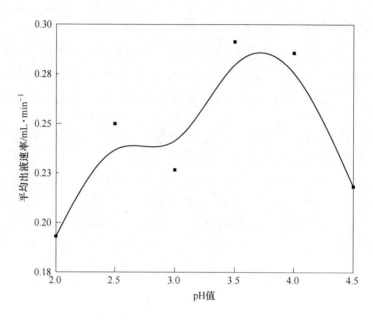

图 5.7 不同 pH 值硫酸镁浸矿液浸矿有效时间内试样的平均出液速率

5.4 浸矿液 pH 值对稀土矿体孔隙结构的影响

5.4.1 试样孔隙率

图 5.8 所示为不同 pH 值硫酸镁浸矿液浸矿过程中离子交换有效时间内试样孔隙度变化。从图 5.8 可以得知，6 组不同 pH 值试验组在浸矿过程中试样的孔隙度在浸矿有效时间内都逐渐增大，但是增加的幅度各有差异。在第一个浸矿循环结束后，pH=3.5 的硫酸镁浸矿组孔隙度最大，pH=2.5 的硫酸镁浸矿组孔隙度最小。随着浸矿时间的推移，6 组试验组的试样孔隙度都逐渐增大，由图 5.9 可知，pH=4 硫酸镁浸矿组的孔隙度增加幅度最大，高达 16%；pH=4.5 硫酸镁浸矿组孔隙度增加幅度最小，为 2.1%；随着 pH 值的增大，试样的孔隙度的增量的增大，其孔隙度的增加速率也增大。试样在浸矿过程中的孔隙度增加主要是由于前期的去离子水饱和试样使得试样内部原本未连通的孔隙互相连通，当开始硫酸镁柱浸试验时，在黏土矿物表面的发生强烈的离子交换反应，同时溶液在试样中发生物理渗流作用，使孔隙结构发生变化，进一步使得孔隙度增加。当增加硫酸镁的酸度，此时使试样中的某些矿物成分中的—OH 基团被溶解，微细颗粒沉积，继而孔隙度变化减缓，同时浸矿液中氢离子增加，黏土矿物的双电层厚度增加，导致试样内部孔隙的变化。

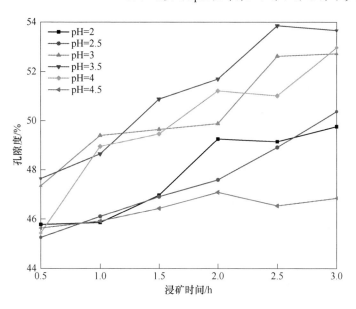

图 5.8　不同 pH 值硫酸镁浸矿液浸矿过程中离子交换有效时间内试样孔隙度变化

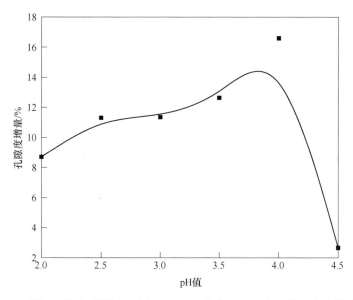

图 5.9　不同 pH 值硫酸镁浸矿液浸矿离子交换有效时间内试样孔隙度增量曲线

5.4.2　试样 T_2 图谱

图 5.10 所示为不同 pH 值的硫酸镁溶液浸矿过程中第 1~6 次浸矿循环的 T_2 图谱分布。其中图 5.10 (a) 为 pH=2 硫酸镁浸矿组试样第 1~6 次循环 T_2 图谱

分布，由第 4 章分析可知硫酸镁浸矿组试样的主反应阶段为第 1~6 次循环，故此主要对第 1~6 次浸矿循环的孔隙演化进行分析，则作出了各试验组的核磁共振 T_2 图谱分布曲线。根据各个浸矿循环的 T_2 图谱曲线特征，也将其分成 3 个主要部分，分别为 A 区域（0~1.5ms）、B 区域（1.5~25ms）、C 区域（>25ms）。对图 5.10（a）分析可知，在第 1~6 次浸矿循环中，T_2 图谱的变化趋势总体是一致的，总体表现为先缓慢上升，再迅速上升至峰值，最后下降为 0，在 C 区域内出现一个小的波峰。由此可以得出在 A 区域所对应的孔隙占比较少，而 B 区域对应的孔隙占比最多，C 区域对应的孔隙占比次之。在主反应阶段，第 1~6 次浸矿循环的 T_2 图谱曲线不断左移，说明在浸矿主反应阶段，B 区域内对应的孔隙度分量逐渐增加，对应的不同半径孔隙占比增加，C 区域内对应的孔隙度分量减小，此时该区域内对应的不同孔径的孔隙占比减小；而试样在 A 区域内对应的孔隙度分量基本保持不变，且对应的不同半径孔隙占比基本不变。在第 1~6 次浸矿循环中，试样内部发生大量的离子交换反应，吸附在黏土矿物表面的稀土离子被解吸下来，试样内部的黏土颗粒的双电层厚度减小，此时黏土颗粒间的范德华力与双电层斥力之间的平衡被打破，且此时主要是范德华力在起主导作用，试样内部的微细颗粒累积，进而导致试样内部的孔隙被堵塞，因此在浸矿循环时 C 区域对应的孔隙转向为 B 区域的对应孔隙，表现为 C 区域对应的孔隙减小而 B 区域对应的孔隙占比增多。图 5.10（b）所示为 pH=2.5 硫酸镁试验组的 1~6 次浸矿循环 T_2 图谱曲线，从图中可以看出曲线一直向左移动，峰值集中在 B 区域且逐渐升高，说明随着浸矿时间的推移，B 区域对应的孔隙数量逐渐增加，C 区域对应的孔隙数量减小。从图 5.10（c）中可以看出 pH=3 时，第 1~3 次浸矿循环曲线向左移动，第 4~6 次曲线则向左移动，峰值集中在 B 区域，但是峰值先增加再降低，说明在第 1~3 次浸矿循环中试样内部 B 区域的孔隙数量增多，而 C 区域的孔隙数量减少，在第 4~6 次浸矿循环中 B 区域对应的孔隙数量降低，而 C 区域对应的孔隙数量增加，表示在浸矿过程中 B 区域对应的孔隙与 C 区域对应的孔隙会相互转化，进一步导致试样内部孔隙结构的演化。图 5.10（d）~（f）分别为 pH=3.5、pH=4 和 pH=4.5 硫酸镁浸矿组试样第 1~6 次循环 T_2 图谱分布，其第 1~6 次浸矿循环试样内部的孔隙变化规律和 pH=3 试验组是一致的，即在浸矿过程中，第 1~3 次浸矿循环曲线向左移动，第 4~6 次曲线则向左移动，峰值集中在 B 区域，但是峰值先增加再降低，说明在第 1~3 次浸矿循环中试样内部 B 区域的孔隙数量增多，而 C 区域的孔隙数量减少，在第 4~6 次浸矿循环中 B 区域对应的孔隙数量降低，而 C 区域对应的孔隙数量增加；在第 4~6 次浸矿循环中 B 区域所对应的孔隙向 C 区域所对应的孔隙转换，此时 C 区域的孔隙数量增加，B 区域对应的孔隙相应减小。

不同 pH 值硫酸镁浸矿过程中试样内部的孔隙演化规律略有差异，当 pH>2.5 时，随着浸矿时间推移，试样内部 B 区域对应的孔隙数量增加，而 C 区域对应的数量减小，此时主要是 C 区域的孔隙向 B 区域的孔隙转化，当强烈的离子置换反应减缓后，此时 B 区域对应的孔隙数量减小，而 C 区域对应的数量增加，B区域的孔隙向 C 区域的孔隙转化。当 pH<2.5 时，在浸矿过程中试样内部 B 区域对应的孔隙数量一直增加，而 C 区域对应的数量一直减小，当 pH 值极小时，离子置换反应更为强烈，提高了离子交换反应速率，此时 C 区域的孔隙向 B 区域的孔隙转化。

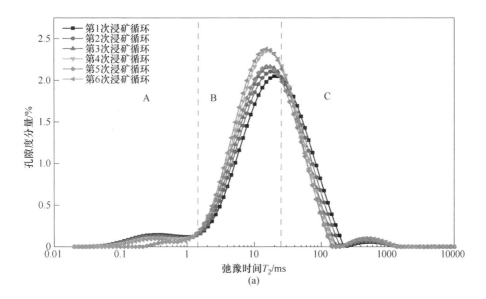

(a)

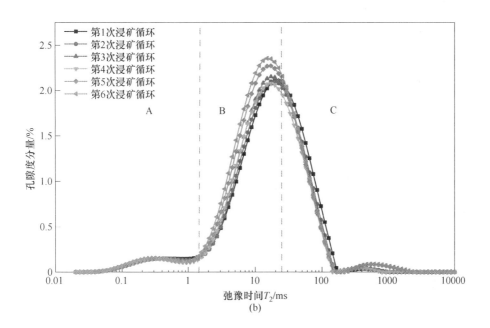

(b)

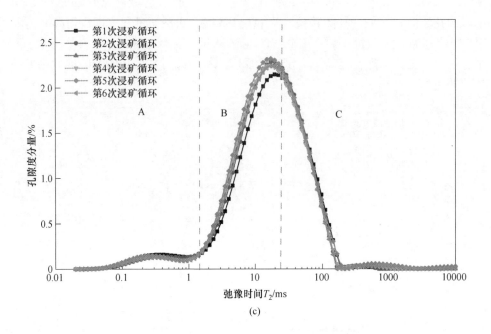

(c)

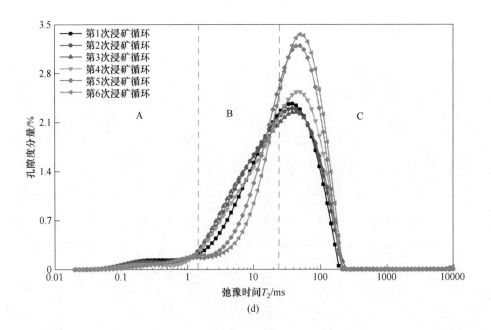

(d)

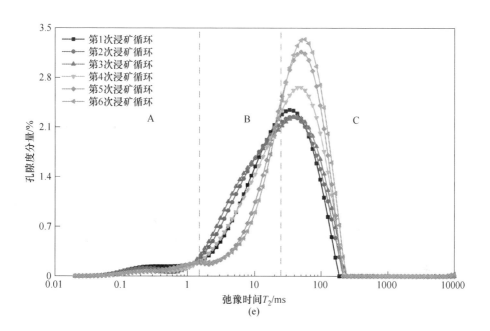

(e)

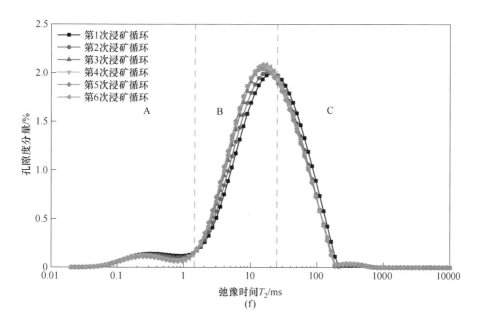

(f)

图 5.10 不同 pH 值硫酸镁浸矿液浸矿试样第 1~6 次循环 T_2 图谱分布

（a）pH=2；（b）pH=2.5；（c）pH=3；（d）pH=3.5；（e）pH=4；（f）pH=4.5

5.4.3 稀土矿体孔隙结构演化分析

由 5.4.2 小节可知，试样的 T_2 图谱曲线变化规律是基本一致，但通过对比不同浸矿循环试样对应的孔隙数量还是具有较大差异，而通过对 T_2 图谱分布分析孔隙差异不能体现内部孔隙演化特征，故对浸矿过程试样孔径分布情况进行对比分析。通过对比不同 pH 值硫酸镁溶液浸矿过程试样的 T_2 谱得到了 6 组试验试样的孔隙的分布及占比情况如图 5.11 所示。根据孔径大小将其划分为小等孔隙（0~25μm）、中等孔隙（25~60μm）、大孔隙（60~120μm）和超大孔隙（>120μm）。图 5.11 为 6 种不同 pH 值的硫酸镁溶液浸矿过程试样内部不同半径孔隙的占比结果，从 pH=2 和 pH=2.5 试验组孔隙分布可以看出，两组试验组的孔隙演化特征一致，表现为中小孔隙和中孔隙占绝大多数，在 1~6 次浸矿循环过程试样内部孔隙半径小于 60μm 的小等孔隙和中等孔隙数量增加，而孔隙半径大于 60μm 的大孔隙和超大孔隙数量减小。从 pH=3、pH=3.5、pH=4 和 pH=4.5 试验组孔隙分布图得出，4 组试验组在 1~3 次浸矿循环过程中试样内部孔隙半径小于 60μm 的小等孔隙和中等孔隙数量增加，大孔隙和超大孔隙数量减少，而在 4~6 次浸矿循环小孔隙和中孔隙数量减小，大孔隙和超大孔隙数量增加。由于增加浸矿液的酸度会使微细颗粒的双电层的厚度减小，双电层斥力减小，因此微细颗粒与孔隙表面之间的范德华引力和双电层斥力失去平衡，范德华力起主导作用，导致吸附的微细颗粒的数量更多，孔隙堵塞的更为剧烈，试样大孔隙占比更少，小孔隙占比更多。

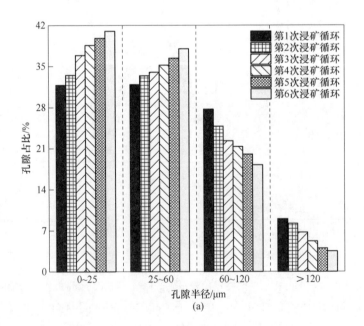

(a)

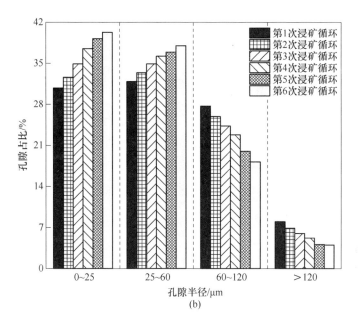

(b)

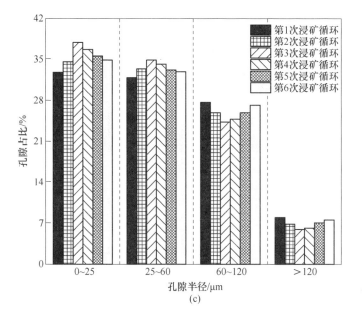

(c)

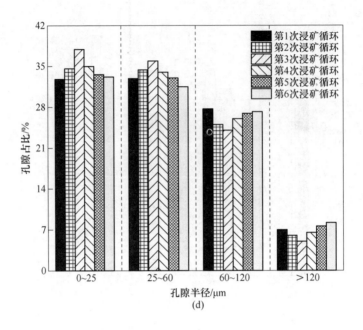

(d)

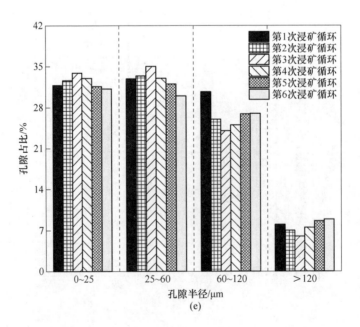

(e)

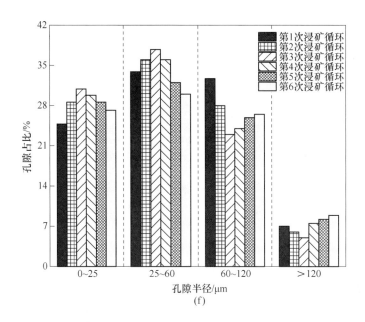

图 5.11 不同 pH 值硫酸镁溶液浸矿组第 1~6 次浸矿循环试样内部孔隙分布
（a）pH=2；（b）pH=2.5；（c）pH=3；（d）pH=3.5；（e）pH=4；（f）pH=4.5

5.5 本章小结

本章研究利用质量浓度 2% 的稀硫酸调整硫酸镁溶液 pH 值为 2、2.5、3、3.5、4、4.5，通过开展 6 组不同 pH 值的硫酸镁溶液室内柱浸试验，探讨浸矿液 pH 值对离子吸附型稀土矿浸出效果影响规律，并结合离子吸附型稀土各个浸矿循环阶段试样的孔隙结构演化特征来分析浸矿液 pH 值对浸矿效果的影响规律，主要研究结论如下：

（1）通过开展室内模拟柱浸试验，采用配制好的质量浓度为 2% 的稀硫酸调节硫酸镁的 pH 值为 2、2.5、3、3.5、4、4.5 六组试验组的硫酸镁溶液浸矿试验，6 组试验组收集的浸出液中稀土离子浓度从开始的几乎为 0 增加到峰值，再逐渐下降至最低工业品位趋于平稳，6 组浸矿试验组的浸出液中的稀土离子浓度变化趋势大体一致，主要是三个阶段，具体表现为几乎为零—突然上升—下降至最低工业开采品位，且硫酸镁溶液酸度越大，柱浸几乎不发生拖尾现象，相反酸度越小，拖尾现象更为严重。

（2）试样去离子水饱和后，采用硫酸镁溶液开始柱浸试验，试样内部开始发生强烈的离子交换反应，浸矿液 pH 值对离子交换的程度有一定的影响，当硫酸镁的 pH 值在 3~4.5 之间时，增加硫酸镁溶液的酸度，离子交换反应的速率和效率会增加，此时离子交换有效时间缩短；当继续增加硫酸镁的酸度，此时离子交换有效时间没有发生很大的变化，且由于酸度过大，对试样内部的离子交换反应有着一定的抑制作用，根据浸出液稀土浓度变化曲线分析，试样在发生强烈的离子交换反应阶段即为浸矿过程离子交换的有效时间段，最后得到 6 组不同 pH 值硫酸镁溶液浸矿组的有效离子交换时间在 2~3h，浸矿循环次数主要集中在第 1~4 次。

(3) 通过对 6 组不同 pH 值硫酸镁浸矿组柱浸试验收集的浸出液的稀土离子含量及稀土浸出率变化，分析得知当浸矿液的 pH 值减小时，稀土浸出率先逐渐增加然后减小，当 pH>2.5 时，降低硫酸镁溶液 pH 值，此时稀土浸出率逐渐增加，当 pH=2.5 时，此时稀土浸出率最大（81.5%），浸矿效果最好，当 pH<2.5 时，稀土浸出率随浸出液 pH 值的降低而减小。

(4) 在浸矿有效时间内，6 组试验组的出液速率变化较为平缓，pH=2 试验组试样的出液速率先增加再减小，pH=2.5 试验组在浸矿有效时间内试样的出液速率基本保持不变，维持在 0.25mL/min；pH=3 试验组在浸矿有效时间内试样的出液速率先减小后增大，pH=3.5 试验组在浸矿有效时间内试样的出液速率一直增大，pH=4 试验组在浸矿有效时间内试样的出液速率几乎保持不变，出液速率保持在 0.282mL/min 左右，pH=4.5 试验组在浸矿有效时间内试样的出液速率先减小后增大，产生该现象的原因可能是浸矿液 pH 值在浸矿有效时间内对离子交换的速率影响程度不同，而试样的出液速率主要受浸矿过程矿体内部孔隙结构的影响。

(5) 在不同 pH 值硫酸镁溶液柱浸离子型稀土过程中，6 组试验组的浸出液 pH 值的变化规律大致可以分为三个阶段：第一阶段为 pH 值增大阶段，在前 3 个浸矿循环中都表现为 pH 值逐渐增加，主要是因为溶液中的 H^+ 与黏土矿物中的 —OH 基团发生反应，表现为该阶段浸出液的稀土离子浓度很低，pH 值增加。第二阶段是 pH 值减小阶段，试样内部经过强烈的离子交换后，溶液中的 H^+ 同浸矿阳离子的竞争减弱，同时吸附在黏土矿物表面的 H^+ 被解吸下来，溶液中的 H^+ 含量增多随溶液流出，表现为该阶段浸出液 pH 值减小，稀土离子浓度增加，第三阶段是 pH 值趋于平稳阶段，由于浸矿液持续注入，但试样内离子交换反应很少，此时溶液中的 H^+ 同黏土矿物的—OH 基团吸附，浸出液 pH 值增大，浸出液中稀土离子含量极低。

(6) 不同 pH 值硫酸镁溶液浸矿过程中试样孔隙演化有所差异，当 pH<2.5 时，浸矿过程中试样孔隙结构中小孔隙占绝大多数，在离子交换有效时间内浸矿循环过程试样内部孔隙半径小于 60μm 的小孔隙和中孔隙数量增加，而孔隙半径大于 60μm 的大孔隙和超大孔隙数量减小。当 pH>2.5 时，浸矿过程中试样内部小孔隙和中孔隙数量先增加后减小，大孔隙和超大孔隙数量先减少后增加。

6 不同水化学条件下矿体微观
结构差异及影响机理

6.1 概　　述

在离子型稀土矿的开采过程中，浸矿液的渗透和扩散效果是决定稀土资源回收率的关键因素。由于离子型稀土矿具有黏土矿物的特殊性质，例如：矿物颗粒小、比表面积大、孔隙中易形成双电层及浸出过程中矿体遇水发生物理膨胀等，这些性质会进一步影响此类矿床在开采过程中浸矿液的渗透、扩散效果及稀土资源的回收率。此外，浸矿液的阳离子间价态的差别、土体的含水率、浸矿液 pH 值等因素的影响都可能使浸矿母体的渗流通道（孔径、孔喉道）发生新的变化，形成次生孔隙结构，并且随着置换过程的持续进行，整个浸矿过程充满了大量的离子交换，次生孔隙结构也在不断演化，影响了浸矿液的渗透运移特性。因此，只有针对不同水化学条件下矿体的渗流特征和孔隙结构差异进行研究，同时结合微结构测试技术对稀土矿体微观结构进行观察，建立不同水化学条件浸矿过程矿体宏观渗透差异与微观孔隙结构演化差异之间的联系，才能判明不同水化学条件对矿体孔隙结构特征的影响机理。

6.2　浸矿液高效浸出最优参数

根据第 3~5 章的结果可以得知，溶液的不同化学条件对离子型稀土矿的浸出效果和孔隙结构有明显影响。本节对不同溶液浸矿作用下离子型稀土矿的孔隙结构变化情况和浸出效果进行了总结，为浸矿液参数优化提供了更直观的参考，结果如图 6.1 所示。

从图 6.1 的参数变化规律可知，渗流速度与大孔隙的数量呈正相关，这与浸出过程中离子强度和浸矿液 pH 值的变化息息相关。浸矿液本身 pH 值与渗流速度呈正相关，浸矿液本身 pH 值对稀土浸出率的影响不大，但是对比第 5 章研究内容中浸矿液 pH 值对浸出液的渗出速率及稀土浸出率的影响试验结果，发现有利于稀土浸出效率的最佳浸矿液 pH 值是 2.5，但是通过阅读文献可知，浸矿液酸度过大，虽然说部分 H^+ 能置换出一定量的稀土离子，但是相对来说浸出的杂质离子也是更多的，不利于后期稀土离子的分离提纯工作，因此需要综合考虑

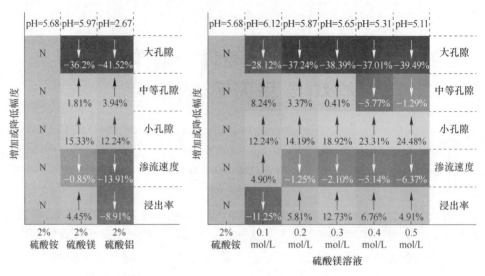

图 6.1 不同溶液浸矿后各项浸矿参数强化或弱化程度

（"N"表示以当前参数为基础对照，"↑"表示当前溶液浸矿的参数与对照溶液浸矿相比增加幅度，
"↓"表示当前溶液浸矿的参数与对照溶液浸矿相比降低幅度）

pH 值对浸出液的渗出速率、稀土浸出率、杂质离子的浸出率及成本等因素来确定工业上最优的 pH 值范围[121,122]。此外，当使用不同价态浸矿剂浸出时，稀土母液渗流速度 v 相差不大，大小为 $v_{(NH_4)_2SO_4} > v_{MgSO_4} > v_{Al_2(SO_4)_3}$，相应的稀土浸出率 η 大小为 $\eta_{MgSO_4} > \eta_{(NH_4)_2SO_4} > \eta_{Al_2(SO_4)_3}$。2%浓度下，硫酸镁对稀土的浸出率达到 74.47%，比同等浓度硫酸铵和硫酸铝分别增加 3%和 10%的浸出量。同样的，不同浓度硫酸镁浸出时稀土母液出液速度 v 大小为 $v_{0.1mol/L} > v_{0.2mol/L} > v_{0.3mol/L} > v_{0.4mol/L} > v_{0.5mol/L}$，其中，浓度为 0.3mol/L 时的出液速率处于中上大小，但使用 0.3mol/L 的硫酸镁溶液浸矿时稀土浸出率能达到 80%，浸出效果明显更好。

因此综合考虑浸出速度和稀土回收率，将硫酸镁溶液作为浸出液更为合理。其质量浓度范围建议为 0.2~0.3mol/L，考虑到浸矿剂的成本，工程应用中常采用工业纯度级别的浸矿剂，因此，建议用质量浓度为 5%~6%的七水硫酸镁溶液为浸矿剂，相应的 pH 值建议调控在 5~6 之间。

6.3 不同水化学条件稀土矿体孔隙结构差异

6.3.1 不同价态阳离子浸矿矿体孔隙结构差异

通过 3.5 节的分析可知，从去离子水饱和阶段到主反应阶段再到大量离子渗出阶段，三组试样的不同孔隙结构整体动态演化规律是一致的，但是采用含有不同价态阳离子的浸矿液浸矿的出液速率存在一定的差异，为了探究不同阳离子浸矿液浸矿过程稀土矿体孔隙结构动态演化差异性，进而分析宏观出液速率的不同，则仍然需要对比不同浸矿液每一次循环浸矿过程试样的不同孔隙结构分布差异情况。通过对比分析不同价态阳离子溶液浸矿过程中试样不同孔隙半径占比情况，可以得到在循环浸矿过程中试样的微小孔隙、小孔隙、中等孔隙、大孔隙及超大孔隙占比的差异性，从而得到导致不同价态阳离子溶液浸矿后试样内部溶液的渗流速率不同的机理。为了对比分析，将三种浸矿液浸矿后试样孔隙结构两两做差值比较，即低价态阳离子溶液浸矿后试样不同孔隙半径占比减去高价态溶液浸矿后试样不同孔隙半径占比，得到了不同阳离子浸矿液浸矿第 1~7 次循环试样孔隙结构差值对比分布，如图 6.2 所示。

图 6.2 （a）所示为采用硫酸铵溶液浸矿试样孔隙结构占比与采用硫酸镁溶液浸矿试样孔隙结构占比在第 1~7 次循环过程中不同孔隙半径占比差值。分析图 6.2 （a）可知，硫酸铵浸矿组试样内部大孔隙和超大孔隙数量上多于硫酸镁浸矿组试样内部大孔隙和超大孔隙数量，而硫酸镁浸矿组试样内部微小孔隙、小孔隙和中等孔隙数量上多于硫酸铵浸矿组试样内部微小孔隙和小孔隙数量。而大孔隙的数量越多，一方面使得试样的总孔隙度更大，另一方面，大孔隙数量上占优势，更加有利于溶液的渗流作用，从而导致试样内部溶液渗流速率更大，即在同等的浸矿时间内收集的稀土母液体积更大。结合表 3.1 及表 6.1 可知，2% 硫酸铵溶液与 2% 硫酸镁溶液的差异体现在阳离子价态及浸矿前后试样内部溶液的离子强度这两个方面。根据第 2 章黏土微细颗粒运移原理解析可知，这两个方面

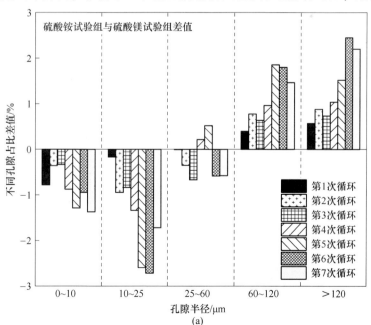

(a)

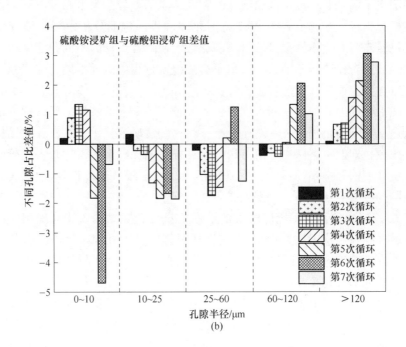

(b)

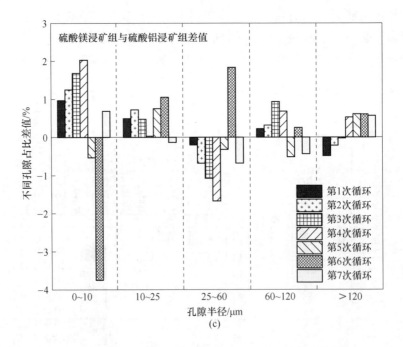

(c)

图 6.2 不同阳离子浸矿液浸矿每次循环阶段试样不同孔隙结构差值对比分布

(a) 硫酸铵与硫酸镁浸矿组；(b) 硫酸铵与硫酸铝浸矿组；(c) 硫酸镁与硫酸铝浸矿组

正是影响微细颗粒在矿体孔隙表面吸附和解析的重要因素。而通过核磁共振试验和扫描电镜试验发现，浸矿过程中试样内部存在着黏土微细颗粒的吸附与解析过程，并且矿体内部孔隙表面上微细颗粒的吸附数量存在着一定的差异，这种差异的存在又将导致试样内部孔隙复杂的动态演化过程，进一步影响溶液的渗流效果。利用双电层理论和经典的 DLVO 理论可以很好地解析不同价态阳离子溶液浸矿过程中稀土矿体孔隙结构动态演化规律的机制。一方面，离子价态是影响双电层斥力的重要参数之一，离子价态对微细颗粒 ζ 电位的影响表现在：高价态的阳离子会降低微细颗粒 ζ 电位，微细颗粒 ζ 电位降低，微细颗粒双电层被压缩，引起双电层斥力减小，微细颗粒与孔隙表面之间的范德华引力和双电层斥力失去平衡，范德华力起主导作用，加快微细颗粒吸附作用，即高价态的镁离子降低了黏土微细颗粒的 ζ 电位，压缩了微细颗粒双电层，导致矿体表面与微细颗粒间的双电层斥力减小，此时由范德华力起主导作用，加快了微细颗粒吸附作用[112]，即采用二价态的镁离子浸矿，矿体表面吸附了更多的黏土微细颗粒，堵塞了大孔隙，大孔隙就朝小孔隙发展，小孔隙不利于溶液的渗流过程，同等时间下稀土母液的回收体积更小。另一方面，试样在去离子水饱和之后，加入浸矿液到主反应阶段，试样内部充满的溶液由去离子水转变为含有浸矿剂的阳离子、稀土离子等其他离子的混合溶液，显然去离子水的离子强度为 0，假设阳离子与稀土离子是一个完全反应的状态，根据浸矿过程等价交换原则和溶液离子强度计算公式，计算得到浸矿过程试样内部溶液离子强度见表 6.1。硫酸铵浸矿组试样内部溶液的离子强度由 0 变为 0.7569mol/L，硫酸镁浸矿组内部溶液离子强度由 0 变为 0.8310mol/L，溶液离子强度增大，微细颗粒双电层被压缩，引起双电层斥力减小，微细颗粒与矿体表面之间的范德华引力和双电层斥力失去平衡，范德华力起主导作用，矿体表面吸附了大量的微细颗粒，这与试样的核磁共振反演图像结果是一致的，这也是其出现异常的机理。而采用高价态的镁离子置换稀土离子，试样内部溶液离子强度变化更为显著，而更大的溶液离子强度，致使双电层斥力减小更显著，范德华力的主导作用更为强烈，离子强度更大更利于微细颗粒的吸附作用，因此采用二价态的镁离子浸矿，矿体表面吸附了更多的黏土微细颗粒，致使大孔隙进一步向小孔隙发展，延缓了稀土母液的渗出。

表 6.1　浸矿过程试样内部溶液离子强度

组别	浸矿剂	质量分数	阳离子价态	浸矿前试样内部溶液离子强度/mol·L⁻¹	浸矿后试样内部溶液离子强度/mol·L⁻¹
1	NH_4SO_4	2%	1	0	0.7569
2	$MgSO_4$	2%	2	0	0.8310
3	$Al_2(SO_4)_3$	2%	3	0	0.8769

图 6.2（b）所示为采用硫酸铵溶液浸矿试样孔隙结构占比与采用硫酸铝溶液浸矿试样孔隙结构占比在第 1~7 次循环过程中不同孔隙半径占比差值。分析图 6.2（b）可知，硫酸铵浸矿组试样内部大孔隙和超大孔隙数量上多于硫酸铝浸矿组试样内部大孔隙和超大孔隙数量，而硫酸铝浸矿组试样内部孔隙主要集中在微小孔隙、小孔隙和中等孔隙。整体来说，硫酸铵浸矿组试样内部大孔隙和超大孔隙数量占优势，则其试样的孔隙度要高于硫酸铝浸矿组试样的孔隙度，土体内部渗流速率要大于硫酸铝浸矿组试样内部溶液的渗流速率。归结其影响因素有三个，除了阳离子价态及浸矿前后试样内部溶液的离子强度外，还有就是溶液的 pH 值。第一，阳离子价态的影响如前文所述，高价态的阳离子降低了微细颗粒 ζ 电位，微细颗粒双电层被压缩，双电层斥力减小，范德华力起主导作用，即高价态的铝离子降低了黏土微细颗粒的 ζ 电位，压缩了微细颗粒双电层，导致矿体表面与微细颗粒间的双电层斥力减小，此时由范德华力起主导作用，加快了微细颗粒吸附作用，即采用三价态的铝离子浸矿，矿体表面能够吸附更多的黏土微细颗粒，堵塞了大孔隙，大孔隙就朝小孔隙发展，小孔隙不利于溶液的渗流过程，致使其渗流速率变小。第二，在去离子水饱和阶段到主反应阶段，硫酸铵浸矿组试样内部溶液的离子强度由 0 变为 0.7569mol/L，硫酸铝浸矿组内部溶液离子强度由 0 变为 0.8769mol/L，采用高价态的铝离子置换稀土离子，试样内部溶液离子强度变化幅度更大，而更大的溶液离子强度，致使双电层斥力减小更显著，范德华力的主导作用更为强烈，离子强度更大更利于微细颗粒的吸附作用，因此采用三价态的镁离子浸矿，矿体表面吸附了更多的黏土微细颗粒，致使大孔隙进一步向小孔隙发展，延缓了稀土母液的渗出。第三，溶液的 pH 值对微细颗粒间的双电层斥力也有显著的影响。溶液的 pH 值的不同，改变的是微细颗粒胶体和矿体的表面电荷，从而使得双电层斥力和范德华力间的相互转化，造成多孔介质中的颗粒吸附和解析。更低的 pH 值，致使矿体表面和胶体颗粒的负电荷减少，颗粒间双电层斥力减小，范德华力大于双电层斥力，范德华力起决定作用，更加有利于微细颗粒的吸附作用，结合试样的 SEM 图像也可以看出，采用硫酸铝浸矿，矿体表面吸附了更多的黏土微细颗粒，堵塞了大孔隙，使大孔隙朝着小孔隙发展，单位时间内收集的稀土母液体积更小。综合来说，与 2% 硫酸铵溶液浸矿相比，采用 2% 硫酸铝溶液浸矿，阳离子更高的价态、浸矿过程溶液更高的离子强度，以及浸矿剂更低的 pH 值，均在促进矿体孔隙表面吸附更多的黏土微细颗粒，从而引发渗透速率更低。

图 6.2（c）所示为采用硫酸镁溶液浸矿试样孔隙结构占比与采用硫酸铝溶液浸矿试样孔隙结构占比在第 1~7 次循环过程中不同孔隙半径占比差值。分析图 6.2（c）可知，硫酸镁浸矿组试样内部微小孔隙、小孔隙和超大孔隙数量上多于硫酸铝浸矿组试样内部微小孔隙、小孔隙和超大孔隙数量，而硫酸铝浸矿组

试样内部大和中等孔隙数量上多于硫酸镁浸矿组试样内部微小孔隙和小孔隙数量。整体来看，硫酸镁浸矿组试样内部孔隙结构发育情况更为良好，也就是更加"疏松"，结合两组试样的孔隙度变化曲线（见图3.5），主反应阶段的每一个循环，硫酸镁浸矿组试样的孔隙度均大于硫酸铝浸矿组试样的孔隙度，由此导致硫酸镁浸矿组试样的渗透速率大于硫酸铝浸矿组试样的渗流速率。归结其原因也有3个：阳离子价态、浸矿前后试样内部溶液的离子强度及溶液的 pH 值，在去离子水饱和阶段到主反应阶段，硫酸镁浸矿组试样内部溶液的离子强度由 0 变为0.8310mol/L，硫酸铝浸矿组内部溶液离子强度由 0 变为 0.8769mol/L，而2%硫酸镁溶液的 pH 值为 5.97，2%硫酸铝的 pH 值为 2.67，另外铝离子的价态也要高于镁离子的价态，这三者的影响机理与前文所述是一致的，利用双电层理论和经典的 DLVO 理论很好的解析含有二价态的镁离子溶液与含有三价态的铝离子溶液浸矿过程中稀土矿体孔隙结构动态演化差异的机理。

6.3.2 不同浓度浸矿液浸矿矿体孔隙结构差异

为了探究不同浓度浸矿液浸矿过程稀土矿体孔隙结构动态演化差异性，进而分析宏观出液速率的不同，则仍然需要对比不同浸矿液每一次循环浸矿过程试样的不同孔隙结构分布差异情况。为此，将 0.3mol/L 硫酸镁试验组作为对比参照，将其他 4 组试验组的孔隙占比减去 0.3mol/L 试验组浸矿循环的孔隙占比，确定了不同浓度硫酸镁溶液浸矿第 1~6 次浸矿循环的各孔隙含量差值，如图 6.3 所示。图 6.3（a）所示为第 1~6 次浸矿循环浸矿过程中 0.1mol/L 与 0.3mol/L 硫酸镁浸矿组的孔隙占比差值，由图可知，0.1mol/L 试验组试样内部小孔隙数量更多，0.3mol/L 试验组试样超大孔隙数量更多。图 6.3（b）所示为第 1~6 次浸矿循环浸矿过程中 0.2mol/L 与 0.3mol/L 硫酸镁浸矿组的孔隙占比差值，由图可知，0.2mol/L 试验组试样内部超大孔隙数量相对更多，0.3mol/L 试验组试样中、大孔隙数量更多。图 6.3（c）所示为第 1~6 次浸矿循环浸矿过程中 0.4mol/L 与0.3mol/L 硫酸镁浸矿组的孔隙占比差值，0.4mol/L 试验组试样内部中、超大孔隙数量相对更多，pH = 2.5 试验组试样小、大孔隙数量更多。图 6.3（d）所示为第 1~6 次浸矿循环浸矿过程中 0.5mol/L 与 0.3mol/L 硫酸镁试验组的孔隙占比差值，0.5mol/L 硫酸镁试验组试样在后三次浸矿循环中所含的小孔隙数量更多、中孔隙数量更少，相反，0.3mol/L 试验组试样在前三次浸矿循环中小孔隙数量更多、中孔隙数量更少，从整体上看，0.5mol/L 硫酸镁试验组试样在第 1~6 次浸矿循环过程中大和超大孔隙数量多于 0.3mol/L 试验组试样。通过对 5 组试验结果分别进行对比分析得到，0.3mol/L 硫酸镁浸矿过程中试样内部中、大孔隙数量占大多数，而小、超大孔隙相对较少，而增加硫酸镁溶液离子强度，试样的小孔隙增加；反之，试样内部大孔隙增加，试样内部的不同孔隙数量占比的差异导致了试样渗透率的不同，进而影响了浸矿过程浸出液的出液速率。

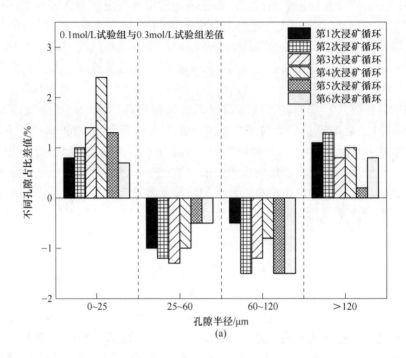

(a)

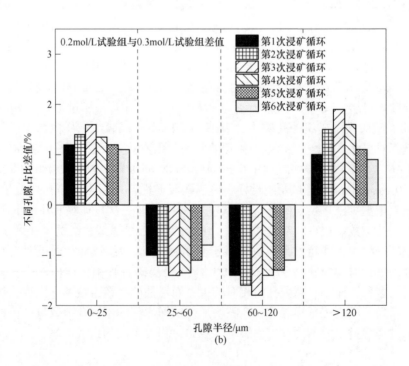

(b)

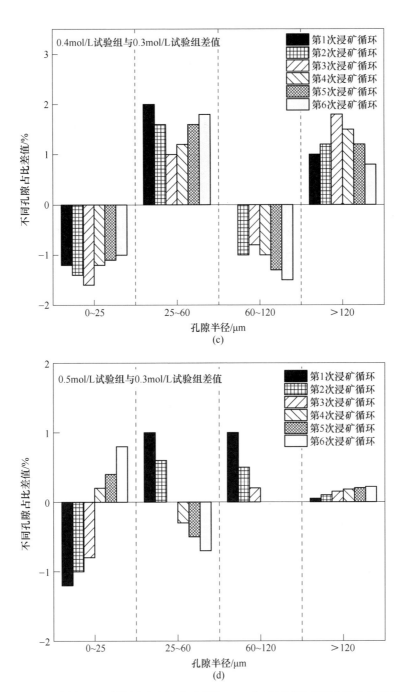

图 6.3 不同浓度硫酸镁浸矿液浸矿试样第 1~6 次循环试样不同孔隙占比差值

(a) 0.1mol/L 试验组与 0.3mol/L 试验组；(b) 0.2mol/L 试验组与 0.3mol/L 试验组；

(c) 0.4mol/L 试验组与 0.3mol/L 试验组；(d) 0.5mol/L 试验组与 0.3mol/L 试验组

6.3.3　不同 pH 值浸矿液浸矿矿体孔隙结构差异

　　为了对比每次循环浸矿过程中 6 组试验组的孔隙占比分布差异情况，将 pH = 2.5 硫酸镁试验组作为对比参照，将其他 5 组试验组的孔隙占比减去 pH = 2.5 试验组浸矿循环的孔隙占比，得到了不同 pH 值硫酸镁溶液浸矿第 1~6 次浸矿循环的孔隙占比差值，如图 6.4 所示。图 6.4（a）所示为第 1~6 次浸矿循环浸矿过程中 pH 值为 2 与 pH 值为 2.5 硫酸镁浸矿组的孔隙占比差值，由图可知，pH = 2 试验组试样内部小孔隙数量更多，pH = 2.5 试验组试样中孔隙、大孔隙数量更多。图 6.4（b）所示为第 1~6 次浸矿循环浸矿过程中 pH = 3 与 pH = 2.5 硫酸镁浸矿组的孔隙占比差值，由图可知，pH = 3 试验组试样内部大孔隙和超大孔隙数量更多，pH = 2.5 试验组试样小孔隙、中孔隙数量更多。图 6.4（c）所示为第 1~6 次浸矿循环浸矿过程中 pH = 3.5 与 pH = 2.5 硫酸镁浸矿组的孔隙占比差值，pH = 3.5 试验组试样内部在前三次浸矿循环小中孔隙更多，后三次浸矿循环大孔隙和超大孔隙更多，pH = 2.5 试验组试样小孔隙和中孔隙数量更多。图 6.4（d）所示为第 1~6 次浸矿循环浸矿过程中 pH = 4 与 pH = 2.5 硫酸镁浸矿组的孔隙占比差值，pH = 4 试验组试样内部孔隙大孔隙和超大孔隙数量更多，pH = 2.5 试验组试样小孔隙和中孔隙数量更多。图 6.4（e）所示为第 1~6 次浸矿循环浸矿过程中 pH = 4.5 与 pH = 2.5 硫酸镁浸矿组的孔隙占比差值，pH = 4.5 试验组试样内部孔隙大孔隙和超大孔隙数量更多，pH = 2.5 试验组试样小孔隙和中孔隙数量更多。通过对 6 组试验结果

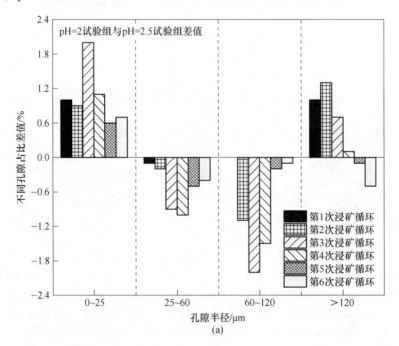

(a)

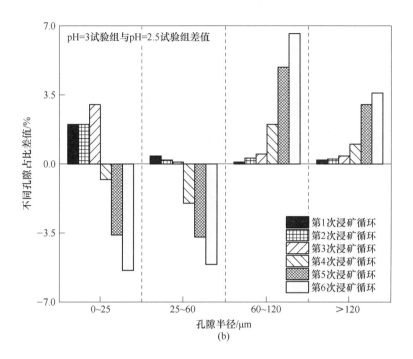

(b)

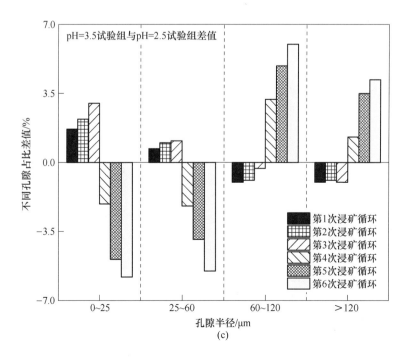

(c)

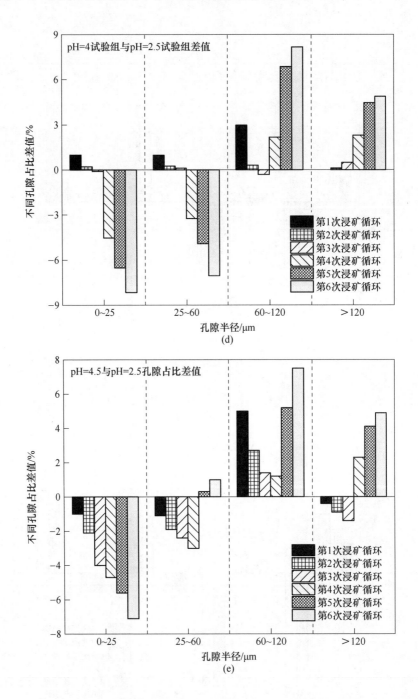

图 6.4 不同 pH 值硫酸镁试验组第 1~6 次浸矿循环试样内部不同孔隙占比差值

(a) pH＝2 试验组与 pH＝2.5 试验组；(b) pH＝3 试验组与 pH＝2.5 试验组；(c) pH＝3.5 试验组与 pH＝2.5 试验组；(d) pH＝2 试验组与 pH＝2.5 试验组；(e) pH＝4.5 试验组与 pH＝2.5 试验组

分别进行对比分析得到，当 pH = 2.5 时，浸矿过程中试样内部小孔隙和中孔隙数量占大多数，而大孔隙和超大孔隙相对较少，而降低硫酸镁溶液 pH 值，试样内部的小孔隙增加；反之，试样内部的大孔隙增加，试样内部的不同孔隙数量占比的差异导致了试样渗透率的不同，进而影响了浸矿过程浸出液的出液速率。

6.4 不同水化学条件浸矿液渗流过程微细颗粒运移特征

6.4.1 基本原理——双电层理论和经典 DLVO 理论

黏土颗粒具有粒径小、比表面积大及表面带电的特殊性，加之溶液的复杂的化学性质，黏土颗粒在多孔介质中的迁移过程不仅会产生物理变化，也会有化学变化，其迁移过程极度复杂。黏土颗粒的粒径极小，具有胶体分散系的大部分特征[123]。当黏土颗粒处于含水环境中，由于其表面本身带有负电荷，能够在颗粒间产生一定的电场，在静电引力的作用下，土体颗粒表面吸附大量溶液中的水化阳离子及水分子，这就形成了颗粒表面的结合水层。离黏土颗粒表面的距离越短，颗粒产生的静电引力越大，其吸附阳离子能力越强，水分子和水化阳离子排列致密，形成了强结合水层。反之，由于静电引力的降低，距离黏土颗粒较远的水分子及水化阳离子不足以吸附至颗粒表面，水化阳离子和水分子的排列不致密，能够从水膜更厚或浓度更低的地方缓慢地运移到水膜更薄或浓度更高的地方，称为弱结合水层[124]。强结合水层与弱结合水层构成了反离子层。双电层就是黏土颗粒表面的负电荷层与反离子层的统称，矿物表面双电层示意图如图 6.5 所示[125]。决定双电层斥力大小的因素包括：溶液的离子强度和 pH 值、黏土颗粒的粒径及其和固体介质表面带电性质[126-128]。

对于黏土颗粒的运移过程，目前的研究主要在于颗粒在固体表面的吸附，以及在多孔介质孔隙中的移动、沉积等过程[129]。黏土颗粒的吸附一般是指黏土颗粒由液相状态转移到固体表面的过程，主要由两方面的影响，一是对流和扩散作用控制，一些大颗粒还受到重力、水流曳力、小孔隙的堵塞以及已吸附颗粒的阻塞作用等；二是受到颗粒与介质表面的各种界面化学作用力的影响，这些作用力主要包括双电层力、范德华力、水合作用及疏水作用等[130]。因此，在研究微细颗粒吸附解析的全过程中，有必要考虑各个因素的综合影响。控制黏土颗粒在多孔介质表面的稳定性的相互作用力最主要的是范德华吸引力和双电层斥力，由此，经典的 DLVO 理论的提出能够很好地描述黏土颗粒的稳定性。根据范德华力和双电层斥力的计算公式及已有的研究可以推断，凡是能够影响多孔介质中液相的组成成分、液相的物化性质及微细颗粒与多孔介质本身性质的各种因素均有可

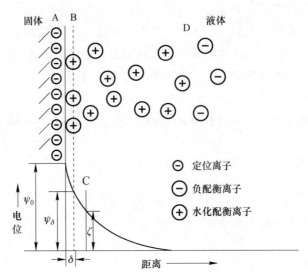

图 6.5 矿物表面双电层示意图

A—内层（定位离子层）；B—紧密层（Stern 层）；C—滑移面；D—扩散层（Guoy 层）；

ψ_0—表面总电位；ψ_δ—斯特恩层的电位；ζ—动电位；δ—紧密层的厚度

能影响微细颗粒的吸附解析过程。微细颗粒在渗流区域的吸附过程受到多方面的因素的影响，主要包括多孔介质的性质、溶液水动力条件、溶液离子强度、溶液 pH 值，以及微细颗粒本身的性质等因素[131]。

6.4.1.1 多孔介质的表面性质

土壤是一种工程性质复杂、孔隙结构多变的多孔介质材料，本书研究的稀土试样属于多孔介质材料范畴。多孔介质是由不同相物质所占据组成的组合体，其内部主要物理特征是孔隙十分复杂和微小，而且比表面积大；多孔介质内部的流体和胶体以渗流的方式在其内部运动，因此多孔介质的孔隙度是影响流体和微细颗粒渗流状况的重要因素[132]。此外多孔介质表面的化学非均质性对于微细颗粒在饱和多孔介质中运移过程也有一定的影响[133,134]。

6.4.1.2 溶液水动力条件

溶液水动力条件属于溶液的物理性质，主要受到注液快慢的影响，溶液注入的速率影响悬浮于多孔介质内部微细颗粒运输的水动力环境[135]。微细颗粒在多孔介质中的迁移行为随着扰动强度的变化而变化，当渗流速率增大时，作用于微细颗粒的强度随之越大，流出液中微细颗粒数量增多[136]。另外，水的剪切力受到水流速率的增大的影响，进而将微细颗粒从多孔介质表面冲洗下来[137]。因此，良好的溶液水动力条件会促进微细颗粒的运移速率。

6.4.1.3 溶液离子强度

诸多研究表明，当溶液离子强度增大，微细颗粒双电层被压缩，引起微细颗粒的双电层斥力减小，微细颗粒与多孔介质表面之间的范德华引力和双电层斥力失去平衡，范德华力起主要作用，提高了多孔介质表面的吸附能力，微细颗粒的吸附作用随着溶液离子强度增大而增强；同样当溶液离子强度减小，会引起微细颗粒的双电层斥力增大，双电层斥力较范德华力，双电层斥力起主导作用，使大量微细颗粒从多孔介质表面解析下来[138]。

6.4.1.4 溶液 pH 值

pH 值对双电层斥力也有显著的影响。pH 值的改变是通过改变微细颗粒和孔隙的表面电荷从而使得双电层斥力和范德华力间的互相转化，引起微细颗粒吸附和解析[139]。随着溶液 pH 值的减小，微细颗粒和土壤表面的负电荷数量减少，造成两者之间的双电层斥力减小，范德华力起主导作用，有利于微细颗粒的吸附作用，反之，pH 值增大使得微细颗粒由有利于吸附变为不利于吸附，微细颗粒得到释放[140]。

6.4.1.5 微细颗粒的性质

许多研究表明微细颗粒本身的性质对微细颗粒的吸附解析过程影响很大，微细颗粒的性质包括两个方面，其一是微细颗粒粒径的大小，其二是微细颗粒的表面性质。一方面，随着微细颗粒粒径的增大和介质粒径的减小，微细颗粒流出浓度的峰值随之减小，而介质表面吸附的微细颗粒数量逐渐增多，由此判断微细颗粒粒径对于多孔介质的堵塞作用是有一定的影响，而在微细颗粒粒径较小的情况下，堵塞作用不明显[141]。另一方面，微细颗粒的表面带电性质和疏水性对于多孔介质表面的吸附解析作用的影响明显，当溶液 pH 值低于微细颗粒的等电点时，微细颗粒带净正电荷，反之，微细颗粒带净负电荷，这对于双电层斥力和范德华力间的相互转化变化复杂，吸附和解析作用相互转变[142]。

6.4.2 离子交换过程微细颗粒吸附解析

离子型稀土采用原地浸矿的方法回收资源，矿体作为含水多孔介质，其孔隙结构是浸矿液渗流的主要通道，也是黏土微细颗粒的主要迁移通道。在采用原地浸矿工艺过程中大量的浸取剂注入矿体，矿体内部涉及物理渗透和化学置换的耦合作用，随着溶液中交换能力强的阳离子进入反离子层中，为了保持电荷平衡，交换能力弱的稀土离子被置换出来流到溶液中，而离子置换反应会使得微细颗粒表面的双电层厚度发生改变，进一步改变土体的孔隙结构，在很大程度上影响了土体的渗流效果。梁健伟等人[143]利用不同浓度的 NaCl 溶液对比蒸馏水分别进行了不同水力梯度下的渗透试验，发现随着溶液离子浓度的增加，土体渗透系数增大，这是由颗粒比表面积、表面电位和溶液离子浓度等因素引起的，颗粒表面电荷的微电场作用影响了黏土颗粒的渗流特性。王晓军等人[144]通过对比纯水和 $(NH_4)_2SO_4$ 溶液浸矿探究了稀土浸出过程中土体渗透系数和孔隙率的关系，认为土体渗透系数和孔隙率具有很强的相关性，矿体孔隙率增加到一定的范围之后，纯水的渗流作用不能再引起矿体孔隙结构发生改变，而离子置换作用会对强结合水层产生破坏，使得矿体孔隙结构进一步发育，导致渗透系数增大。此外，本课题组也通过室内柱浸试验进一步研究了单纯的物理渗流作用和离子置换作用对矿体孔隙结构的影响，证实了离子置换作用对稀土矿体孔隙结构的影响，发现离子交换作用诱发稀土矿体中大孔隙数量减少，中、小孔隙数量上升，矿体孔隙结构由大孔隙向中、小孔隙动态演化，随着离子交换结束，孔隙结构再次由中小孔隙向大孔隙动态演化，整个矿体孔隙结构回复到原先状态[145]。浸矿过程中矿体孔隙结构动态的变化正是微细颗粒的吸附解析过程导致的，离子型稀土微细颗粒吸附解析原理如下：采用含有 NH_4^+ 的 NH_4Cl 溶液浸矿，如图 6.6（a）所示，浸矿开始时，浸矿液中充满了 NH_4^+ 和 Cl^-。浸矿液中的阳离子与稀土离子发生交换作用，溶液中+1 价态离子向+3 价态离子转变，浸矿溶液的离子强度增加，如图 6.6（b）所示，试样内部黏土胶体颗粒双电层被压缩，引起胶体颗粒与矿物表面之间的范德华引力和双电层斥力失去平衡，致使矿体中大量微细颗粒沉积在矿物表面，造成孔隙堵塞，使得大尺寸孔隙变为中小尺寸孔隙。随着矿体中离子置换反应的减弱，大量+3 价态稀土离子脱离浸矿母体，在浸矿液持续渗流作用下，矿体孔隙中充斥的溶液由+3 价态向+1 价态转变，溶液离子强度降低。如图 6.6（c）所示，试样内部黏土微细颗粒双电层厚度再次增加，双电层斥力再次占据优势，矿物表面所吸附的大量微细颗粒得到释放，孔隙恢复原状，整个矿体孔隙结构出现由中小孔隙向大孔隙转变。因此，稀土矿体浸矿过程的离子交换

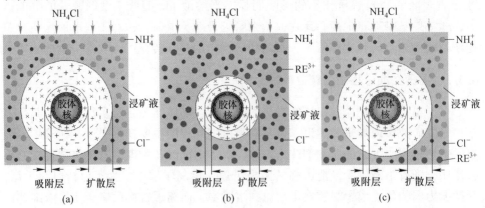

图 6.6 微细颗粒双电层示意图

作用诱发矿体内部微细颗粒的沉积与释放，导致矿体内部孔隙结构动态演化，在一定程度上抑制了浸矿溶液在矿体中的渗流，延缓了浸矿母液的回收速率。

6.4.3　不同价态阳离子浸矿试样反演图像

核磁共振成像技术是一种间接检测手段，通过检测试样孔隙内流体中的氢质子，形成的图像可以反映流体在试样孔隙中的分布情况[146,147]。图像中白色部分为水分子所在的区域，周围的黑色部分为组成试样的骨架结构所在的区域。本次试验试样土体内部孔隙动态变化采用核磁共振成像技术进行测试分析，对每一个循环测试得到的数据进行三维重构，得到其微观孔隙结构反演图像，为了更加直观反映出试样孔隙结构动态演化规律，将试样的横、纵剖面进行投影显示，因此纵向剖面代表试样中部垂直试样直径方向，横向剖面代表试样反演图像出现异常的部位，如图6.7所示。

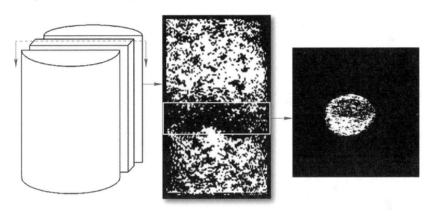

图6.7　试样剖面图像示意图

采用含有不同价态阳离子的（NH_4）$_2SO_4$、$MgSO_4$ 和 $Al_2(SO_4)_3$ 溶液作为浸矿剂，在主反应时间循环阶段内（2~5 次），试样的三维重构纵向剖面图像如图6.8所示，横向剖面图像如图6.9所示。通过分析试样的反演图像从微观上体现不同价态阳离子溶液浸矿对孔隙结构影响的不同点。因本次主要研究主反应阶段试样的孔隙结构的演化规律，但为了对比研究主反应阶段前后试样微观孔隙结构的变化，保留了第1次循环和第6、7次循环试样的反演图像。分析图6.8可知，在去离子水饱和阶段，三组试样采用去离子水饱和，试样达到饱和之后，内部开放的孔隙均被去离子水充满，核磁共振图像总体显示为亮白色，这就进一步说明了去离子水饱和并未涉及离子交换反应，试样内部孔隙未发生明显改变；随后改换浸矿液浸矿，第2次循环结束后，试样的反演图像开始出现了变化，在反演图像的上部出现了异常，主要显示为条带状的黑色聚集区域，在离子置换的作用下微细颗粒在此聚集，致使试样的孔隙结构发生改变，而试样的中下部还未完成离子置换反应，试样的反演图像无明显变化；第 3 次循环结束后，试样反演图像的中上部出现了明显的黑色聚集区域，说明离子置换反应推进到了试样的中上部并且微细颗粒聚集数量逐渐增多导致黑色聚集区域有扩大的趋势，而上部分区域已经完成了化学置换反应，原先由于离子置换作用导致微细颗粒聚集现象已经消失，黑色聚集区域重新转变为亮白色；随着浸矿过程的持续推进，阳离子与稀土离子的置换反应逐步往下推进，试样的反演图像中黑色聚集区域也逐步往下运移，并且逐步扩大，直到第 6 次循环浸矿结束之后，黑色聚集区域运移到了试样的底部，其中硫酸铵浸矿组、硫酸镁浸矿组在第 6 次循环大量的离子置换反应基本结束，试样反演图像黑色聚集区域不明显，而硫酸铝浸矿组试样在第 6 次循环阶段仍然存在较多的离子交换反应，试样反演图像底部出现了比较明显的黑色聚集区域；第 7 次循环结束后，试样内部大量的离子置换反应已经结束，黑色聚集区域消失，三组试样的反演图像未出现异常，总体呈现亮白色。依据核磁共振成像技术的原理可知，反演图像中黑色部分为组成试样的骨架结构所在的区域，可以判定黑色聚集区域是大量微细颗粒聚集在一起形成的。

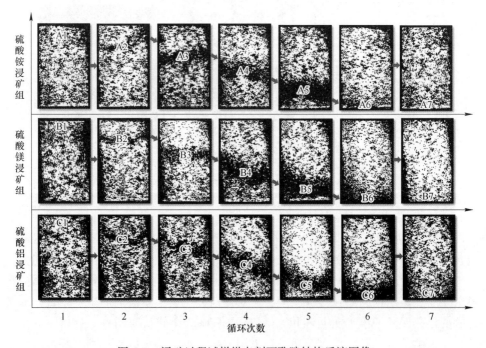

图 6.8 浸矿过程试样纵向剖面孔隙结构反演图像

根据 3.4.1 小节和 3.4.2 小节的分析和讨论，硫酸铵浸矿组、硫酸镁浸矿组和硫酸铝浸矿组试样在第 2~5 次循环为主反应阶段，在该阶段大量的浸矿液注入矿体与试样内部孔隙吸附的稀土离子发生强烈的离子置换反应，离子交换作用伴随了溶液中低价态离子向高价态离子的转变，浸矿溶液的离子强度增加，试样内部黏土微细颗粒双电层被压缩，引起微细颗粒与矿物表面之间的范德华引力和双电层斥力失去平衡，致使矿体中大量微细颗粒沉积在矿物表面，形成了带状的黑色聚集区域。浸矿时间进一步增加，第 7 次循环浸矿结束后，即强烈的离子置换反应减弱后，图像上的带状黑色区域消失，整个图像主体再一次变为亮白显示。根据第 4 章内容分析，该时间段存在残余离子交换，表明随着离子交换反应的消失，试样中充斥孔隙的固体颗粒消失，在浸矿液持续渗流作用下，矿体孔隙中充斥的溶液由高价态向低价态转变，溶液离子强度降低，试样内部黏土微细颗粒双电层厚度再次增加，双电层斥力再次占据优势，矿物表面所吸附的大量微细颗粒得到释放，试样孔隙回复原状，试样反演图像恢复原状。试样的横向剖面反演图像取自 A1~A7、B1~B7、C1~C7 所在的区域，分析图 6.9 可得，与之相对应，当试样纵向剖面反演图像出现黑色聚集区域时，试样的横向剖面反演图像出现大块黑色斑点，并且随着微细颗粒聚集区域的运移过程，黑色斑点出现的位置随之改变。

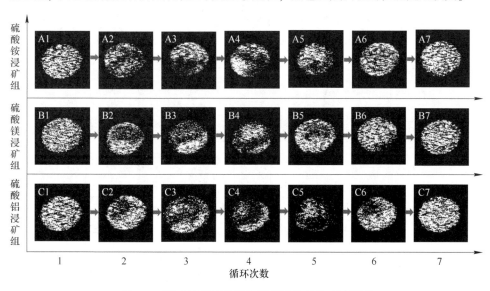

图 6.9 浸矿过程试样横向剖面孔隙结构反演图像

对比（NH_4）$_2SO_4$ 浸矿组、$MgSO_4$ 浸矿组及 $Al_2(SO_4)_3$ 浸矿组试样的纵剖面反演图像，试样内部的离子置换反应均是自上而下的过程，每次循环过程图像无明显差异，带状的黑色聚集区域都呈现逐渐由试样上部向试样底部运移；当试样纵向剖面反演图像出现黑色聚集区域时，试样的横向剖面反演图像均有大块黑色斑点出现，在主反应阶段中期尤为明显，黑色斑点的面积占据整个横切面的大部分，随着浸矿的进行黑色斑点面积略有减小。试样的纵向反演图像反映的是在循环过程中试样内部微细颗粒整体运移过程，这就需要对不同价态阳离子浸矿过程试样黑色聚集区域进行微区形貌观察，并对黑色聚集区域的成分进一步检测，在微观层面揭示试样反演图像出现异常的机理。

6.4.4　不同 pH 值浸矿液浸矿试样反演图像

试样内部孔隙结构差异变化采用核磁共振成像技术进行测试分析，得到了不同 pH 值硫酸镁柱浸过程每一循环阶段试样微观孔隙结构反演图像，如图 6.10 和

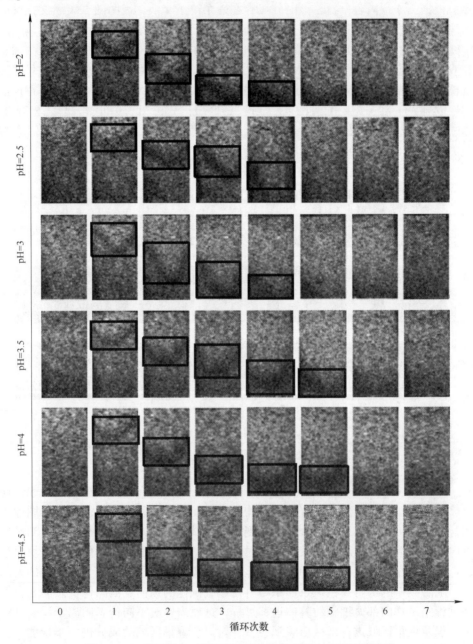

图 6.10　6 种不同 pH 值浸矿试样孔隙结构纵向剖面反演图像

图 6.11 所示。由图可以得知，矿样在去离子水饱和阶段，矿样内部孔隙被去离子水占据，此时无离子置换反应发生，核磁共振纵向剖面反演图像总体上呈现灰白色（图中对应的第 0 次），当加入硫酸镁溶液开始浸矿（第 1 次浸矿循环），矿样上部最先开始发生离子置换反应，此时在纵向剖面反演图像上部出现了黑色聚集条带，而下部无明显变化。随着硫酸镁溶液与吸附在矿物颗粒表面的稀土离子发生置换反应，此时矿样内部的微细颗粒存在着自上而下的运移，纵向剖面反演图像中则表现出条状的黑色聚集区域由上往下的运移（第 2~4 次循环），产生这样的现象是由于矿样内部发生强烈的离子置换反应而引起固体微细颗粒运移、沉积和释放，待离子置换反应结束后此现象则消失（第 5~8 次浸矿循环），对应的整个纵向剖面反演图像则表现为灰白色。浸矿过程发生强烈的离子置换反应时，与纵向剖面反演图像相对应的横向剖面反演图像则出现了大块黑色斑点，且在浸矿中期尤为明显，整个横向剖面反演图像大部分面积被黑色斑点占据，随着浸矿时间的推移图像中黑色斑点的面积逐渐减小，最终完全消失。对比 6 组不同

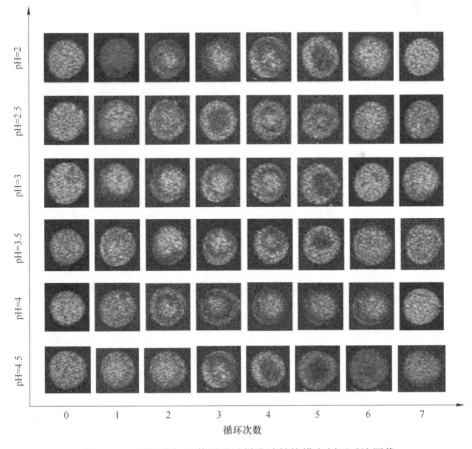

图 6.11　6 种不同 pH 值浸矿试样孔隙结构横向剖面反演图像

pH 值硫酸镁溶液浸矿试样的核磁共振反演图像，浸矿过程中试样内部发生离子置换反应都是由上往下的一个过程，带状的黑色聚集区域都呈现逐渐由试样上部向试样底部运移，且表现为较低 pH 值时，黑色条带的运移速度更快，离子置换反应更为剧烈，微细颗粒聚集和解析过程更快。

6.5 不同价态阳离子浸矿稀土矿体微观形貌和元素分析

6.5.1 稀土矿体微观形貌观察

为了进一步解释孔隙结构反演图像中的黑色区域的出现和消失机理，在不同价态阳离子浸矿的试验条件下，设计了扫描电镜试验，进一步观察离子置换过程黏土颗粒的大小、形状、组成和排列方式，以及孔隙的形状、大小和数量等微形态信息，发现黏土颗粒间的相互作用关系，有助于从微观层面解析矿体的宏观表现特性。用于观察的试样选取黑色区域所在位置的稀土试样，即图 6.8 中试样纵向剖面反演图像 A1~A7、B1~B7、C1~C7 所在的区域。矿体微观形貌观察试验过程中，倍数逐步放大，如图 6.12 所示，在 5000 倍的放大条件下，我们能够比

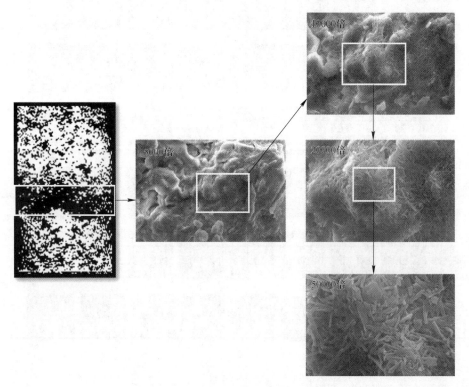

图 6.12 微细颗粒团聚体的外观形态

较清晰地看到试样内部的结构，孔隙结构发育、大小孔隙并存且有大量的微细颗粒吸附在孔隙表面，进一步放大到 10000 倍，可以清晰地看到大量的颗粒吸附在黏土颗粒表面，其排列方式杂乱无章，在放大到 50000 倍的情况下，能够看到微细颗粒的大小不一、形状呈现杆状，杆状颗粒间相互黏结在一起。

通过对比硫酸铵浸矿组、硫酸镁浸矿组，以及硫酸铝浸矿组试样黑色聚集区域的 SEM 图像，放大 10000 倍的图像中所蕴含的孔隙及其表面的微细颗粒信息更为全面，因此在分析时选用放大 10000 倍的图像进行对比分析。图 6.13 所示为试样第 1~7 次循环微细颗粒团聚体 SEM 放大 10000 倍图像，通过对比采用含有不同价态阳离子溶液浸矿发现试样微观形貌的整体规律基本一致，具体表现如下：试样的内部孔隙结构发育无明显的定向性，存在大小不同、形状不一的孔隙，大小孔隙并存；在去离子水饱和阶段，孔隙表面吸附的微细颗粒微量，在主反应阶段有大量的微细颗粒吸附在孔隙表面，微细颗粒大小不一、形状呈现杆状，杆状颗粒间相互无序地黏结在一起，接触状态有面—面、边—边，以及边—面，这是形成黑色聚集区域的基本单元；随着大量的离子置换反应的结束，孔隙表面吸附的微细颗粒逐渐减少。

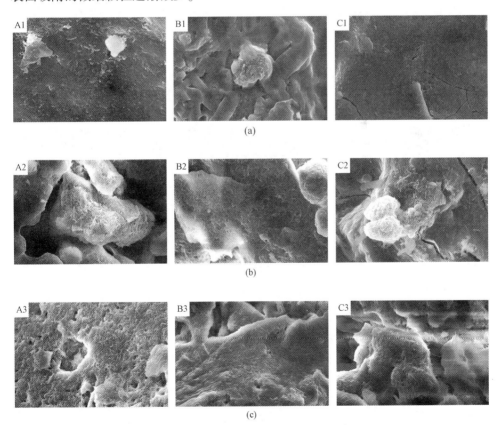

(a)

(b)

(c)

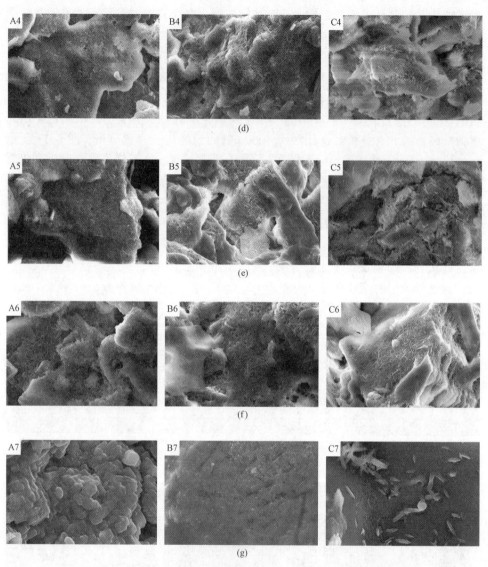

图 6.13 试样第 1~7 次循环微细颗粒团聚体 SEM 放大 10000 倍图像

(a) 第 1 次;(b) 第 2 次;(c) 第 3 次;(d) 第 4 次;(e) 第 5 次;(f) 第 6 次;(g) 第 7 次

A1、B1、C1 是去离子水饱和阶段三组试样的 SEM 图像,通过对比 A1、B1、C1 发现,去离子水饱和阶段,3 组试样内部孔隙表面未明显吸附微细颗粒,这是由于去离子水不与稀土离子发生化学置换反应,稀土颗粒带有负电荷,在其中双电层斥力显现,孔隙表面不吸附微细颗粒。A2~A5、B2~B5、C2~C6 分别为更换浸矿液浸矿后主反应阶段三组试样反演图异常部位的矿样 SEM 图像。随着浸矿液的加入,阳离子与稀土离子发生化学置换反应,引起微细颗粒与矿物表面之间的范德华引力和双电层斥力失去平衡，使得矿体中大量微细颗粒沉积在矿物表面，造成孔隙堵塞，矿物表面吸附了大量的杆状颗粒，矿样的 SEM 图像与试样的反演图像中出现黑色聚集区域规律相互辅证。此外，试样在完成扫描电镜试验时，所选择的随机点都具有一定的代表性。在 A2、A5 中能明显地看到硫酸铵浸矿组试样内部存在大孔隙，而硫酸镁、硫酸铝浸矿组试样内部无明显的大孔隙，大孔隙的存在使得浸矿液在土体内部的渗流更为流畅，从而导致硫酸铵浸矿组试样内部液体渗流速率更快，同时对比 A2~A5、B2~B5、C2~C6 图像，整体上 A2~A5 试样表面吸附的微细颗粒的数量较 B2~B5、C2~C6 试样表面吸附的微细颗粒数量更少，较少的微细颗粒的富集，对试样内部液体的渗流过程阻碍较小，其渗流速率更快。对比 B2~B5、C2~C6 图像，硫酸镁浸矿组试样表面凸起部位不明显，而硫酸铝浸矿组试样内部表面不平整，能够明显观察到有较多的大颗粒凸起，堵塞了孔隙并且其表面吸附了大量的微细颗粒进一步使得孔隙半径减小，微细颗粒的富集遮蔽了矿物表面和孔隙，致使硫酸铝浸矿组试样内部液体渗流速率小于硫酸镁浸矿组试样的渗流速率。综合分析可知，试样内部矿物表面微细颗粒的吸附与不同价态阳离子与稀土离子置换反应密切相关。

随着浸矿过程的持续推进，在第 6 次循环，A6、B6、C6 图像中能够看到试样内部表面仍有部分微细颗粒富集，这与试样的核磁共振图像显示结果相吻合，三组试样的核磁共振反演图像中反映在试样的底部仍有少部分的黑色聚集区域，扫描电镜结果显示硫酸铝浸矿组试样孔隙半径较小且较硫酸铵、硫酸镁浸矿组试样表面富集数量更多的微细颗粒。随着主反应阶段的结束，试样内部大量的离子交换反应基本结束，双电层斥力显现，孔隙表面不吸附大量的微细颗粒，在试样的 SEM 图像中能够观察到试样表面只有少量的微细颗粒。在第 7 次循环过程中残余的离子交换反应微量，三组试样内部表面吸附的微细颗粒的数量稀少。

6.5.2 稀土矿体微观表面能谱检测

为了进一步分析杆状的微细颗粒是否为离子交换反应引起新生物质的出现导致试样孔隙结构动态演化，在图 6.13 出现的微细颗粒上，随机选取 5 个不同杆状体进行能谱分析检测，测点布置见图 6.14，检测结果见表 6.2。检测结果显示：去离子水饱和阶段，三组试样表面吸附的微细颗粒的主要组成元素有 O、Al、Si、S、F、Na，还含有少量的 K、Ca、Fe，以及稀土元素 La 和 Nd，其中 O、Al、Si 含量所占百分比超过 70%；主反应阶段及离子渗流阶段三组试样表面吸附的微细颗粒的主要组成元素有 N、O、Al、Si，部分试样能够检测到少量的 F、Na、S、K、Fe，其中 O、Al、Si 含量所占百分比超过 80%。结果表明，在主反应阶段离子形态的稀土离子基本已被浸出，剩余稀土元素则以水溶相、矿物相、胶态沉积相的形式存在，这部分稀土元素通过淋洗的方式不能被浸出，并且这部分稀土元素的含量很小，也不能被能谱仪检测出[148]。离子吸附型稀土矿矿石的矿物组成主要是黏土矿物、石英砂和造岩矿物长石等，这些矿石的主要组成元素是 O、Si、Al[149-151]。综上分析可得，固体微细颗粒的主要组成元素为 O、Si、Al，这些元素正是黏土矿物主要构成元素，即说明黑色聚集区域的微细颗粒并非是新生物质，而是大量的黏土颗粒运移受阻形成的局部淤积现象。

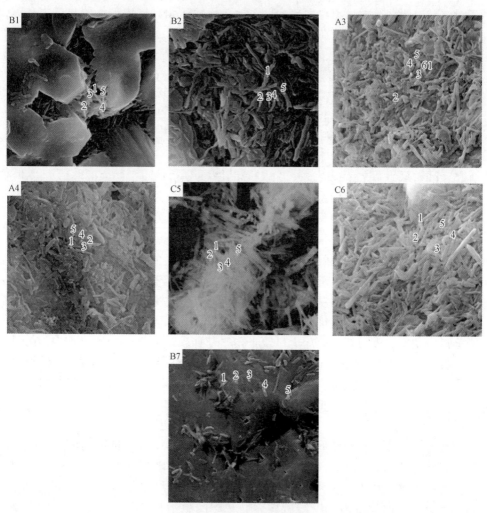

图 6.14 部分试样微细颗粒团聚体能谱测点布置图

表 6.2 部分试样能谱测点摩尔分数 （%）

试样编号	测点编号	N	O	F	Na	Al	Si	S	K	Ca	Fe	La	Nd
B1	1	—	49.48	0.14	3.97	11.48	10.68	13.86	0.90	3.45	0.11	2.83	3.09
	2	—	54.05	0.41	4.19	10.21	9.35	13.13	1.28	4.28	0.00	2.24	0.87

试样编号	测点编号	N	O	F	Na	Al	Si	S	K	Ca	Fe	La	Nd
B1	3	—	56.97	0.00	3.91	11.47	10.23	10.98	1.02	4.10	0.06	0.61	0.64
	4	—	48.00	0.00	5.48	7.59	7.16	17.77	1.17	5.18	3.03	1.93	2.71
	5	—	56.77	0.00	3.92	10.31	9.33	13.25	0.62	3.17	0.02	0.89	1.74
	平均值	—	53.05	0.11	4.29	10.21	9.35	13.80	1.00	4.04	0.64	1.70	1.81
B2	1	—	44.30	—	—	5.53	50.16	—	—	—	—	—	—
	2	9.97	46.96	2.61	—	5.42	35.04	—	—	—	—	—	—
	3	—	44.56	—	—	4.58	50.86	—	—	—	—	—	—
	4	—	43.52	—	—	4.54	51.94	—	—	—	—	—	—
	5	—	42.64	1.75	—	3.79	51.83	—	—	—	—	—	—
	平均值	9.97	44.40	2.18	—	4.77	47.97	—	—	—	—	—	—
A3	1	11.23	50.24	—	—	10.87	17.65	—	8.78	—	1.24	—	—
	2	12.92	50.91	—	—	11.54	17.43	—	6.30	—	0.91	—	—
	3	12.62	52.31	—	—	10.23	16.79	—	7.20	—	0.85	—	—
	4	11.76	52.78	—	—	10.32	15.49	—	8.37	—	1.27	—	—
	5	11.35	49.09	—	—	11.30	18.52	—	8.58	—	1.16	—	—
	6	11.71	49.10	—	—	10.61	18.24	—	9.17	—	1.17	—	—
	平均值	11.93	50.74	—	—	10.81	17.35	—	8.07	—	1.10	—	—
A4	1	11.59	57.55	4.22	2.28	12.66	10.73	0.71	0.25	—	—	—	—
	2	12.04	58.12	2.73	2.14	12.46	11.49	0.80	0.21	—	—	—	—
	3	12.05	57.38	3.36	2.18	13.01	11.22	0.61	0.19	—	—	—	—
	4	11.12	54.69	6.22	1.95	13.27	12.02	0.55	0.17	—	—	—	—
	5	12.12	59.20	0.49	2.41	13.01	11.64	0.88	0.25	—	—	—	—
	平均值	11.78	57.39	3.41	2.19	12.88	11.42	0.71	0.21	—	—	—	—
C5	1	10.95	57.58	—	—	15.77	14.49	—	0.69	—	0.52	—	—
	2	—	55.90	—	0.39	22.19	19.96	—	0.80	—	0.76	—	—
	3	10.71	58.78	—	—	15.86	14.10	—	0.54	—	—	—	—
	4	11.23	56.27	—	0.60	17.12	14.28	—	0.50	—	—	—	—
	5	12.15	59.65	—	0.84	14.68	12.20	—	0.33	—	0.33	—	—
	平均值	11.26	57.63	—	0.61	17.12	14.97	—	0.57	—	0.54	—	—
C6	1	11.05	53.19	3.45	1.14	15.94	13.28	1.56	0.40	—	—	—	—
	2	11.41	55.48	1.75	1.07	15.58	12.90	1.39	0.41	—	—	—	—
	3	11.93	56.18	—	1.27	15.67	13.18	1.45	0.32	—	—	—	—

试样编号	测点编号	N	O	F	Na	Al	Si	S	K	Ca	Fe	La	Nd
	4	11.55	57.10	—	1.06	16.20	13.67	—	0.43	—	—	—	—
C6	5	11.64	51.99	4.12	0.94	16.36	13.55	1.06	0.35	—	—	—	—
	平均值	11.51	54.79	3.11	1.10	15.95	13.32	1.36	0.38	—	—	—	—
	1	—	45.59		7.53	11.03	10.78	24.03	1.04	—	—	—	—
	2	13.37	41.63		6.23	10.23	9.69	17.59	0.82	—	0.45	—	—
B7	3	13.52	45.21		6.31	9.02	8.08	17.31	0.55	—	—	—	—
	4	13.89	46.30		6.91	7.67	6.88	17.24	0.65	—	0.45	—	—
	5	—	46.75		8.92	11.70	11.51	19.74	1.38	—	—	—	—
	平均值	13.59	45.10		7.18	9.93	9.39	19.18	0.89	—	0.45	—	—

6.6　本 章 小 结

离子吸附型稀土原地浸矿过程中，稀土矿体孔隙结构动态演化成为浸矿液良好运移渗透的关键所在。在稀土浸出过程中，不同水化学条件下试样内部不同孔隙半径及其占比发生改变，而微细颗粒的运移过程与矿体孔隙结构改变的复杂化息息相关。本章针对不同水化学条件下稀土浸出过程主反应阶段矿体的孔隙结构差异进行研究，同时在不同价态阳离子浸矿的试验条件下，结合微观结构测试技术对稀土矿体微观结构进行观察，建立不同水化学条件浸矿过程矿体宏观渗透差异与微观孔隙结构演化差异之间的联系，在微观层面揭示浸矿过程矿体孔隙结构动态演化差异机制，主要结论如下：

（1）在主反应阶段，不同水化学条件下试样的孔隙结构演化差异规律为：不同价态阳离子浸矿过程试样内部大孔隙和超大孔隙数量最多的是硫酸铵试验组，其次是硫酸镁试验组，最少的是硫酸铝浸矿组；不同浓度浸矿液浸矿过程中，0.3 mol/L 硫酸镁试验组试样内部中、大孔隙数量占大多数，而小、超大孔隙相对较少；不同 pH 值硫酸镁溶液浸矿过程中 pH = 2.5 试验组试样内部小孔隙和中孔隙数量占大多数，而大孔隙和超大孔隙相对较少。

（2）不同水化学条件下各组试样的核磁共振反演图像呈现出来的规律基本一致，无明显差异，具体表现为：在去离子水饱和阶段，各组试样内部无离子置换反应，试样的纵向剖面核磁共振反演图像总体呈现亮白色，主反应阶段伴随着离子置换反应自上而下的过程，稀土试样内部也存在固体微细颗粒自上而下运移过程，体现在试样的纵向剖面反演图像中自上而下出现了条状的黑色聚集区域，离子置换反应结束后此现象消失，整个图像主体再一次变为亮白显示。与纵向剖面反演图像相对应的横向剖面反演图像均有大块黑色斑点出现，在主反应阶段中期尤为明显，黑色斑点的面积占据整个横切面的大部分，随着浸矿的进行黑色斑点面积略有减小，直至消失。

（3）在不同价态阳离子浸矿研究过程中，通过对黑色聚集区域的试样进行 SEM 和 EDS 测试，结果表明去离子水饱和阶段，三组试样孔隙表面吸附少量微细颗粒，在主反应阶段有大量的微细颗粒吸附在试样孔隙表面，微细颗粒为黏土颗粒，颗粒呈现杆状且黏结方式各异，浸矿后期孔隙表面吸附的微细颗粒少量。其中，主反应阶段硫酸铵试验组试样孔隙表面吸附的微细颗粒数量整体较少，硫酸镁试验组试样孔隙表面吸附的微细颗粒数量整体较多，而硫酸铝浸矿组试样内部表面富集了大量的微细颗粒，微细颗粒的富集遮蔽了矿物表面和孔隙，试样内部液体的渗流过程阻碍较大，溶液渗流速率变慢。

（4）在稀土浸出过程中，不同水化学条件下试样的孔隙结构演化均受到试样内部孔隙表面微细颗粒的吸附—解析动态转化过程的影响，阳离子价态、溶液的离子强度以及浸矿剂的 pH 值综合的影响导致微细颗粒与孔隙表面之间的范德华引力和双电层斥力失去平衡，促使孔隙表面微细颗粒的吸附与解析动态转化过程，进而引起浸矿过程中试样不同孔隙半径占比出现差异性，在宏观上表现为浸出液渗流速率的差异。利用双电层理论和经典的 DLVO 理论可以很好地解析其中的机理。

参 考 文 献

[1] 袁翰青. 稀土元素的第一位发现人加多林 [J]. 化学通报, 1982 (9): 52-53.

[2] 陈占恒. 稀土新材料及其在高技术领域的应用 [J]. 稀土, 2000 (1): 55-59.

[3] 吉力强, 陈明昕, 顾虎, 等. 轻稀土资源现状及在新能源汽车领域的应用 [J]. 中国稀土学报, 2020, 38 (2): 129-138.

[4] 刘翔, 姜言彬, 韩悦, 等. 稀土在高分子材料领域的技术开发及应用现状 [J/OL]. [2022-11-13] 化学通报: 1-9.

[5] Zhou B L, Li Z X, Chen C C. Global potential of rare earth resources and rare earth demand from clean technologies [J]. Minerals, 2017, 7 (11): 203.

[6] Popov V, Koptyug A, Radulov I, et al. Prospects of additive manufacturing of rare-earth and non-rare-earth permanent magnets [J]. Procedia Manufacturing, 2018, 21: 100-108.

[7] 韩帅, 胡海强, 任靖, 等. 稀土催化材料研究与应用 [J]. 中国稀土学报, 2022, 40 (1): 1-13.

[8] Cheisson T, Schelter E J. Rare earth elements: Mendeleev's bane, modern marvels [J]. Science, 2019, 363 (6426): 489-493.

[9] 武汉大学化学系. 稀土元素分析化学 [M]. 北京: 科学出版社, 1987.

[10] 包头稀土研究所院. 稀土分析手册 [M]. 包头: 中国稀土学会《稀土》杂志编辑部, 1995.

[11] 阿列克谢耶夫 E, 赵振华. 稀土元素的原子结构、化学和晶体化学性质的地球化学意义 [J]. 地质地球化学, 1978 (9): 24-28.

[12] 郭金秋, 杜亚平, 张洪波. 稀土材料在多相催化中的应用研究进展概述 [J]. 化学学报, 2020, 78 (7): 625-633.

[13] Al-Sultan F S, Basahel S N, Narasimharao K. Yttrium oxide supported La_2O_3 nanomaterials for catalytic oxidative cracking of n-Propane to olefins [J]. Catalysis Letters, 2020, 150 (1): 185-195.

[14] 赵鹏森, 曹新鹏, 郑海忠, 等. 稀土掺杂热障涂层的研究进展 [J]. 航空材料学报, 2021, 41 (4): 83-95.

[15] 王晖, 王毓明, 解文丽. 话战略金砖之稀土 [J]. 广东化工, 2022, 49 (14): 69-71.

[16] 黄静丽. 世界稀土资源储量分布及供需现状分析 [J]. 中国集体经济, 2015 (6): 109-110.

[17] 周宝炉, 李仲学, 赵怡晴. 世界稀土市场动态及产业对策建议 [J]. 中国稀土学报, 2016, 34 (3): 257-264.

[18] 张博, 宁阳坤, 曹飞, 等. 世界稀土资源现状 [J]. 矿产综合利用, 2018 (4): 7-12.

[19] 非洲稀土资源及稀土项目概况 [J]. 稀土信息, 2020 (4): 17-19.

[20] 郭咏梅, 李丽, 张文灿. 稀土不稀重在创新应用 [J]. 稀土信息, 2020 (7): 10-18.

[21] 何宏平, 杨武斌. 我国稀土资源现状和评价 [J]. 大地构造与成矿学, 2022, 46 (5): 829-841.

[22] 饶振华, 冯绍健. 离子型稀土矿发现、命名与提取工艺发明大解密(一)[J]. 稀土信

息，2007（8）：28-31.

[23] 田君，尹敬群，欧阳克氙，等．风化壳淋积型稀土矿提取工艺绿色化学内涵与发展
[J]．稀土，2006（1）：70-72，102.

[24] 李永绣，等．离子吸附型稀土资源与绿色提取［M］．北京：化学工业出版社，2014.

[25] 张恋，吴开兴，陈陵康，等．赣南离子吸附型稀土矿床成矿特征概述［J］．中国稀土学
报，2015，33（1）：10-17.

[26] 池汝安，田君，罗仙平，等．风化壳淋积型稀土矿的基础研究［J］．有色金属科学与工
程，2012，3（4）：1-13.

[27] 汤洵忠，李茂楠，杨殿．离子型稀土矿分类之浅见［J］．湖南有色金属，1998（6）：
1-4.

[28] 池汝安，田君．风化壳淋积型稀土矿化工冶金［M］．北京：科学出版社，2006.

[29] 赵彬，佘宗华，康虔，等．离子型稀土原地浸矿开采技术适用性评价与分类［J］．矿冶
工程，2017，37（3）：6-10.

[30] 邓国庆，杨幼明．离子型稀土矿开采提取工艺发展述评［J］．稀土，2016，37（3）：
129-133.

[31] 袁源明．赣州有色冶金研究所1997年度科研成果简介［J］．江西有色金属，1998
（1）：48.

[32] 袁长林．中国南岭淋积型稀土溶浸采矿正压系统的地质分类与开采技术［J］．稀土，
2010，31（2）：75-79.

[33] 池汝安，田君．风化壳淋积型稀土矿评述［J］．中国稀土学报，2007（6）：641-650.

[34] 李永绣，张玲，周新木．南方离子型稀土的资源和环境保护性开采模式［J］．稀土，
2010，31（2）：80-85.

[35] Huang X W, Long Z Q, Wang L S, et al. Technology development for rare earth cleaner
hydrometallurgy in China［J］. Rare Metals, 2015, 34（4）: 215-222.

[36] Binnemans K, Jones P T, Blanpain B, et al. Recycling of rare earths：A critical review［J］.
Journal of Cleaner Production, 2013, 51: 1-22.

[37] 张恋，吴开兴，陈陵康，等．赣南离子吸附型稀土矿床成矿特征概述［J］．中国稀土学
报，2015，33（1）：10-17.

[38] 冯宗玉，黄小卫，王猛，等．典型稀土资源提取分离过程的绿色化学进展及趋势［J］.
稀有金属，2017，41（5）：604-612.

[39] 邓国庆，杨幼明．离子型稀土矿开采提取工艺发展述评［J］．稀土，2016，37（3）：
129-133.

[40] 赵彬，佘宗华，康虔，等．离子型稀土原地浸矿开采技术适用性评价与分类［J］．矿冶
工程，2017，37（3）：6-10.

[41] 郭钟群，金解放，赵奎，等．离子吸附型稀土开采工艺与理论研究现状［J］．稀土，
2018，39（1）：132-141.

[42] 黄万抚，邹志强，钟祥熙，等．不同风化程度离子型稀土矿赋存特征及浸出规律研究
［J］．中国稀土学报，2017，35（2）：253-261.

[43] 刘剑，付玉华，郭晓斌，等．浸矿剂浓度对稀土浸取效果的影响［J］．科学技术与工

程, 2015, 15 (28): 133-135.

[44] 杨幼明, 王莉, 肖敏, 等. 离子型稀土矿浸出过程主要物质浸出规律研究 [J]. 有色金属科学与工程, 2016, 7 (3): 125-130.

[45] Xu Q H, Sun Y Y, Yang L F, et al. Leaching mechanism of ion-adsorption rare earth by mono valence cation electrolytes and the corresponding environmental impact [J]. Journal of Cleaner Production, 2019, 211: 566-573.

[46] 王莉, 王超, 廖春发, 等. 离子间的相互作用对离子吸附型稀土浸出行为的影响 [J]. 稀有金属, 2018, 42 (9): 1002-1008.

[47] 肖燕飞, 黄莉, 徐志峰. 一种应用于离子型稀土矿浸矿过程的助浸剂及其浸矿方法: 中国, CN10533185A [P]. 2016-02-17.

[48] He Z Y, Zhang Z Y, Yu J X, et al. Column leaching process of rare earth and aluminum from weathered crust elution-deposited rare earth ore with ammonium salts [J]. Transactions of Nonferrous Metals Society of China, 2016, 26 (11): 3024-3033.

[49] 李慧, 张臻悦, 徐志高. 风化壳淋积型稀土矿中黏土矿物防膨剂的选择 [C] //2012 中国稀土资源综合利用与环境保护研讨会论文集, 2012.

[50] Yang L F, Li C C, Wang D S, et al. Leaching ion adsorption rare earth by aluminum sulfate for increasing efficiency and lowering the environmental impact [J]. Journal of Rare Earths, 2019, 37 (4): 429-436.

[51] Xiao Y F, Huang L, Long Z Q, et al. Adsorption ability of rare earth elements on clay minerals and its practical performance [J]. Journal of Rare Earths, 2016, 34 (5): 543-548.

[52] 管新地, 沈文明, 张胜其, 等. 001x8 树脂从离子型稀土浸出液中吸附稀土及杂质离子的性能研究 [J]. 有色金属科学与工程, 2016, 7 (4): 134-139.

[53] 王超, 王莉, 李柳, 等. 不同品位离子吸附型稀土矿 $(NH_4)_2SO_4/MgSO_4$ 浸矿实验 [J]. 稀土, 2018, 39 (1): 67-74.

[54] 胡智, 张臻悦, 池汝安, 等. 复合镁盐浸取风化壳淋积型稀土矿过程强化研究 [J]. 金属矿山, 2020, 3: 95-101.

[55] 刘楚凡, 周芳, 吴晓燕, 等. 风化壳淋积型稀土浸出渗流和传质过程研究现状及展望 [J]. 稀土, 2020, 42: 1-10.

[56] 陈癸, 唐亮, 徐进勇, 等. 钒钛磁铁矿尾矿稀土元素浸出规律研究 [J]. 稀土, 2020, 41 (4): 91-101.

[57] 许秋华, 杨丽芬, 张丽, 等. 基于浸取 pH 依赖性的离子吸附型稀土分类及高效浸取方法 [J]. 无机化学学报, 2018, 34 (1): 112-122.

[58] 汤洵忠, 李茂楠, 杨殿. 离子型稀土矿原地浸析采场滑坡及其对策 [J]. 金属矿山, 2000 (7): 6-8, 12.

[59] Qiu T S, Zhu D M, Fang X H, et al. Leaching kinetics of ionic rare-earth in ammonia-nitrogen wastewater system added with impurity inhibitors [J]. Journal of Rare Earths, 2014, 32 (12): 1175-1183.

[60] 田君, 唐学昆, 尹敬群, 等. 风化壳淋积型稀土矿浸取过程中基础理论研究现状 [J]. 有色金属科学与工程, 2012, 3 (4): 48-52.

[61] 尹升华, 齐炎, 谢芳芳, 等. 不同孔隙结构下风化壳淋积型稀土的渗透特性 [J]. 中国有色金属学报, 2018, 28 (5): 1043-1049.

[62] 尹升华, 齐炎, 谢芳芳, 等. 风化壳淋积型稀土矿浸出前后孔隙结构特性 [J]. 中国有色金属学报, 2018, 28 (10): 2112-2119.

[63] Zhou L B, Wang X J, Huang C G, et al. Development of pore structure characteristics of a weathered crust elution-deposited rare earth ore during leaching with different valence cations [J]. Hydrometallurgy, 2021, 201 (4): 105579.

[64] Alem A, Elkawafi A, Ahfir N D, et al. Filtration of kaolinite particles in a saturated porous medium: Hydrodynamic effects [J]. Hydrogeology Journal, 2013, 21 (3): 573-586.

[65] 王观石, 王小玲, 胡世丽, 等. 颗粒运移对离子型稀土矿体结构影响的试验研究 [J]. 矿业研究与开发, 2015, 35 (10): 37-42.

[66] 王晓军, 李永欣, 黄广黎, 等. 浸矿过程离子型稀土矿孔隙结构演化规律研究 [J]. 中国稀土学报, 2017, 35 (4): 528-536.

[67] 黄群群. 浸矿过程中离子型稀土矿体渗透性变化规律的试验研究 [D]. 赣州: 江西理工大学, 2014.

[68] 吴爱祥, 尹升华, 李建锋. 离子型稀土矿原地溶浸溶浸液渗流规律的影响因素 [J]. 中南大学学报 (自然科学版), 2005 (3): 506-510.

[69] Hajra M G, Reddi L N, Asce M, et al. Effects of ionic strength on fine particle clogging of soil filters [J]. Journal of Geotechnical & Geoenvironmental Engineering, 2002, 128 (8): 631-639.

[70] 徐杰, 周建, 罗凌晖, 等. 高岭-蒙脱混合黏土渗透各向异性模型研究 [J/OL]. 岩土力学, 2020 (2): 1-8.

[71] 刘泉声, 崔先泽, 张程远. 多孔介质中悬浮颗粒迁移-沉积特性研究进展 [J]. 岩石力学与工程学报, 2015, 34 (12): 2410-2427.

[72] Bai B, Long F, Rao D, et al. The effect of temperature on the seepage transport of suspended particles in a porous medium [J]. Hydrological Processes, 2016, 31 (2): 382-393.

[73] 高红贝, 张扬, 董起广. 土壤颗粒在多孔介质中的迁移 [J]. 西部大开发 (土地开发工程研究), 2016 (6): 19-27.

[74] Ben-Moshe T, Dror I, Berkowitz B. Transport of metal oxide nanoparticles in saturated porous media [J]. Chemosphere, 2010, 81 (3): 387-393.

[75] 谭志刚, 吴耀国, 卢聪, 等. 水动力扰动对天然胶体在多孔介质中行为及效应的影响 [J]. 水资源与水工程学报, 2014, 25 (5): 112-118, 123.

[76] Saeed T, Scott A B, Joanne L V, et al. Colloid release and clogging in porous media: effects of solution ionic strength and flow velocity [J]. Journal of Contaminant Hydrology, 2015, 181: 161-171.

[77] 代朝猛, 周辉, 刘曙光, 等. 地下水多孔介质中胶体与污染物协同运移规律研究进展 [J]. 水资源与水工程学报, 2017, 28 (5): 15-23.

[78] 薛传成, 王艳, 刘干斌, 等. 温度和 pH 对多孔介质中悬浮颗粒渗透迁移的影响 [J]. 岩土工程学报, 2019, 41 (11): 2112-2119.

[79] 贾晓玉, 李海明, 王博, 等. 不同酸碱条件下胶体迁移对含水介质渗透性的影响 [J]. 环境科学与技术, 2009, 32 (5): 45-47.

[80] Benamar A, Wang H Q, Ahfir N D, et al. Flow velocity effects on the transport and the deposition rate of suspended particles in a saturated porous medium [J]. Comptes Rendus Geosciences. 2005, 337 (5): 497-504.

[81] 陈星欣, 白冰, 于涛, 等. 粒径和渗流速度对多孔介质中悬浮颗粒迁移和沉积特性的耦合影响 [J]. 岩石力学与工程学报, 2013, 32 (S1): 2840-2845.

[82] 杜丽娜, 邵明安, 魏孝荣, 等. 砂质多孔介质中土壤颗粒的迁移 [J]. 土壤学报, 2014, 51 (1): 49-57.

[83] Cheng T, Saiers J E. Colloid-facilitated transport of cesium in vadose-zone sediments: the importance of flow transients [J]. Environmental Science & Technology, 2010, 44 (19): 7443-7449.

[84] 李海明, 赵雪, 马斌, 等. 不同钠吸附比含水介质中胶体迁移-沉积动力学 [J]. 水文地质工程地质, 2011, 38 (6): 90-95.

[85] 吕俊佳, 许端平, 李发生. 不同环境因子对黑土胶体在饱和多孔介质中运移特性的影响 [J]. 环境科学研究, 2012, 25 (8): 875-881.

[86] Munkholm L J, Heck R J, Deen B. Soil pore characteristics assessed from X-ray micro-CT derived images and correlations to soil friability [J]. Geoderma: An International Journal of Soil Science, 2012, 181-182: 1-29.

[87] Zhou N, Matsumoto T, Hosokawa T, et al. Pore-scale visualization of gas trapping in porous media by X-ray CT scanning [J]. Flow Measurement and Instrumentation, 2010, 21 (3): 262-267.

[88] 杨保华, 吴爱祥, 缪秀秀. 基于图像处理的矿石颗粒三维微观孔隙结构演化 [J]. 工程科学学报, 2016, 38 (3): 328-334.

[89] Ju X N, Jia Y H, Li T C, et al. Morphology and multifractal characteristics of soil pores and their functional implication [J]. Catena, 2021, 196.

[90] 张宏, 柳艳华, 杜东菊. 基于孔隙特征的天津滨海软粘土微观结构研究 [J]. 同济大学学报 (自然科学版), 2010, 38 (10): 1444-1449.

[91] Gylland A S, Rueslatten H, Jostad H P, et al. Microstructural observations of shear zones in sensitive clay [J]. Engineering Geology, 2013, 163: 75-88.

[92] 杨爱武, 孔令伟, 张先伟. 吹填软土蠕变过程中颗粒与孔隙演化特征分析 [J]. 岩土力学, 2014, 35 (6): 1634-1640.

[93] 雷华阳, 卢海滨, 王学超, 等. 振动荷载作用下软土加速蠕变的微观机制研究 [J]. 岩土力学, 2017, 38 (2): 309-316, 324.

[94] Wang X J, Zhuo Y L, Deng S Q, et al. Experimental research on the impact of ion exchange and infiltration on the microstructure of rare earth orebody [J]. Advances in Materials Science and Engineering, 2017, 2017: 1-8.

[95] Wang X J, Zhuo Y L, Zhao K, et al. Experimental measurements of the permeability

characteristics of rare earth ore under the hydro-chemical coupling effect [J]. RSC Advances, 2018, 8 (21): 11652-11660.

[96] Zhao K, Zhuo Y L, Wang X J, et al. Aggregate evolution mechanism during ion-adsorption rare earth ore leaching [J]. Advances in Materials Science and Engineering, 2018: 1-10.

[97] 刘勇健, 李彰明, 郭凌峰, 等. 基于核磁共振技术的软土三轴剪切微观孔隙特征研究 [J]. 岩石力学与工程学报, 2018, 37 (8): 1924-1932.

[98] 汤洵忠, 李茂楠, 杨殿. 离子型稀土原地浸析采矿室内模拟试验研究 [J]. 中南工业大学学报 (自然科学版), 1999 (2): 23-26.

[99] 周贺鹏, 谢帆欣, 张永兵, 等. 离子型稀土矿地球化学特征与物性研究 [J]. 稀有金属, 2022, 46 (1): 78-86.

[100] 梁晓亮, 谭伟, 马灵涯, 等. 离子吸附型稀土矿床形成的矿物表/界面反应机制 [J]. 地学前缘, 2022, 29 (1): 29-41.

[101] 李琪, 秦磊, 王观石, 等. 离子吸附型稀土浸矿机制研究现状 [J]. 中国稀土学报, 2021, 39 (4): 543-554.

[102] Yang X L, Zhang J W. Recovery of rare earth from ion-adsorption rare earth ores with a compound lixiviant [J]. Separation and Purification Technology, 2015, 142: 203-208.

[103] Tian J, Yin J Q, Tang X K, et al. Enhanced leaching process of a low-grade weathered crust elution-deposited rare earth ore with carboxymethyl sesbania gum [J]. hydrometallurgy, 2013, 139: 124-131.

[104] 肖燕飞. 离子吸附型稀土矿镁盐体系绿色高效浸取技术研究 [D]. 北京: 北京有色金属研究总院, 2015.

[105] Xiao Y F, Chen Y Y, Feng Z Y, et al. Leaching characteristics of ion-adsorption type rare earths ore with magnesium sulfate [J]. Transactions of Nonferrous Metals Society of China, 2015, 25 (11): 3784-3790.

[106] Qiu T S, Zhu D M, Fang X H, et al. Leaching kinetics of ionic rare-earth in ammonia-nitrogen wastewater system added with impurity inhibitors [J]. Journal of Rare Earths, 2014, 32 (12): 1175-1183.

[107] 彭俊, 沈裕军, 刘强, 等. 风化壳淋积型稀土矿选择性浸出新工艺研究 [J]. 稀土, 2016, 37 (1): 34-38.

[108] 曹飞, 杨大兵, 李乾坤, 等. 风化壳淋积型稀土矿浸取技术发展现状 [J]. 稀土, 2016, 37 (2): 129-136, 28.

[109] 邱廷省, 伍红强, 方夕辉, 等. 风化壳淋积型稀土矿提取除杂技术现状及进展 [J]. 稀土, 2012, 33 (4): 81-85.

[110] 刘勇. 离子型稀土矿原地浸矿开采对地下水环境影响数值模拟 [J]. 南京工程学院学报 (自然科学版), 2014, 12 (2): 64-68.

[111] 张家菁, 许建祥, 龙永迳, 等. 风化壳离子吸附型稀土矿稀土浸出工业指标的意义 [J]. 福建地质, 2004 (1): 34-37.

[112] 曾小波, 邓善芝, 熊文良. 某极低品位稀土矿选矿提纯试验研究 [J]. 矿产综合利用, 2014 (6): 32-34.

[113] 李彰明，曾文秀，高美连，等．典型荷载条件下淤泥孔径分布特征核磁共振试验研究 [J]．物理学报，2014，63（5）：376-382.

[114] 田佳丽，王惠民，刘星星，等．基于NMR耦合实时渗流的砂岩渗透特性研究 [J]．岩土工程学报，2022，44（9）：1671-1678.

[115] Bird N R A，Preston A R，Randall E W，et al. Measurement of the size distribution of water-filled pores at different matric potentials by stray field nuclear magnetic resonance [J]. European Journal of Soil Science, 2005, 56 (1)：135-143.

[116] 刘德智，管志斌．车西洼陷碳酸盐砾岩储层有效孔隙度计算 [J]．内江科技，2017，38（2）：62-63.

[117] 独仲德，郭择德，郭志明，等．含水层有效孔隙度的试验研究 [J]．勘察科学技术，2002（5）：36-39.

[118] 刘庆玲，徐绍辉，刘建立．离子强度和pH值对高岭石胶体运移影响的试验研究 [J]．土壤学报，2007（3）：425-429.

[119] 王瑞祥，谢博毅，余攀，等．离子型稀土矿浸取剂遴选及柱浸工艺优化研究 [J]．稀有金属，2015，39（11）：1060-1064.

[120] 李江霖．浸出剂pH值对离子型稀土矿浸出过程中的界面反应及微观结构影响研究 [D]．赣州：江西理工大学，2019.

[121] Fan B, Zhao L S, Feng Z Y, et al. Leaching behaviors of calcium and magnesium in ion-adsorption rare earth tailings with magnesium sulfate [J]. Transactions of Nonferrous Metals Society of China, 2021, 31 (1)：288-296.

[122] 陈陵康，陈海霞，金雄伟，等．离子型稀土矿粒度、黏土矿物、盐基离子迁移及重金属释放研究及展望 [J]．中国稀土学报，2022，40（2）：194-215.

[123] 梁健伟，房营光，谷任国．极细颗粒黏土渗流的微电场效应分析 [J]．岩土力学，2010，31（10）：3043-3050.

[124] 龚小丽，文海珍．水在非饱和膨胀土中的作用机理研究 [J]．西部交通科技，2016（2）：17-21，45.

[125] 叶为民，黄伟，陈宝，等．双电层理论与高庙子膨润土的体变特征 [J]．岩土力学，2009，30（7）：1899-1903.

[126] 孙志明，于健，郑水林，等．离子种类及浓度对土工合成黏土垫用膨润土保水性能的影响 [J]．硅酸盐学报，2010，38（9）：1826-1831.

[127] Liu Fei, Xu Baile, He Yan, et al. Differences in transport behavior of natural soil colloids of contrasting sizes from nanometer to micron and the environmental implications [J]. Science of the Total Environment, 2018, 634：802-810.

[128] 张凡，张永祥，王祎啸．基于DLVO理论探究不同因素下土壤胶体迁移堵塞问题 [J]．山东化工，2019，48（13）：227-231，233.

[129] 胡俊栋，沈亚婷，王学军．离子强度、pH对土壤胶体释放、分配沉积行为的影响 [J]．生态环境学报，2009，18（2）：629-637.

[130] 白雪莲．饱和多孔介质中纳米胶体吸附机理的研究 [D]．北京：中国农业大学，2007.

[131] 谭博，刘曙光，代朝猛，等．滨海地下水交互带中的胶体运移行为研究综述 [J]．水科学进展，2017，28（5）：788-800.

[132] 王洪涛．多孔介质污染物质移动力学 [M]．北京：高等教育出版社，2008.

[133] 覃荣高，曹广祝，仵彦卿．非均质含水层中渗流与溶质运移研究进展 [J]．地球科学进展，2014，29（1）：30-41.

[134] 袁瑞强，郭威，王鹏，等．多孔介质表面化学异质性对胶体运移的影响 [J]．环境科学学报，2017，37（9）：3498-3504.

[135] Shang J, Liu C, Wang Z. Transport and retention of engineered nanoporous particles in porous media：Effects of concentration and flow dynamics [J]. Colloids and Surfaces A：Physicochemical and Engineering Aspects, 2013, 417：89-98.

[136] 刘泉声，崔先泽，张程远，等．多孔介质中沉积颗粒脱离特性试验研究 [J]．岩土工程学报，2015，37（4）：747-754.

[137] Torkzaban S, Bradford S A, Vanderzalm J L, et al. Colloid release and clogging in porous media：Effects of solution ionic strength and flow velocity [J]. Journal of contaminant hydrology, 2015, 181：161-171.

[138] 张文静，周晶晶，刘丹，等．胶体在地下水中的环境行为特征及其研究方法探讨 [J]．水科学进展，2016，27（4）：629-638.

[139] 袁瑞强，郭威，王鹏，等．高 pH 环境对胶体在饱和多孔介质中迁移的影响 [J]．中国环境科学，2017，37（9）：3392-3398.

[140] Kim M, Boone S A, Gerba C P. Factors that influence the transport of Bacillus cereus spores through sand [J]. Water Air and Soil Pollution, 2009, 199（1/2/3/4）：151-157.

[141] 于映雪，张秋兰，崔亚莉，等．混合钠-钙电解质溶液的物质的量比和胶体粒径对胶体在饱和多孔介质中运移的影响 [J]．环境科学学报，2018，38（4）：1474-1481.

[142] 褚灵阳，汪登俊，王玉军，等．不同环境因子对纳米羟基磷灰石在饱和填充柱中迁移规律的影响 [J]．环境科学，2011，32（8）：2284-2291.

[143] 梁健伟，房营光．极细颗粒黏土渗流特性试验研究 [J]．岩石力学与工程学报，2010，29（6）：1222-1230.

[144] 王晓军，李永欣，黄广黎，等．离子吸附型稀土浸矿过程渗透系数与孔隙率关系研究 [J]．稀土，2017，38（5）：47-55.

[145] Zhou L B, Wang X J, Zhuo Y L, et al. Dynamic pore structure evolution of the ion adsorbed rare earth ore during the ion exchange process [J]. Royal Society Open Science, 2019, 6（11）：191107.

[146] 谭龙，韦昌富，田慧会，等．土体持水特性及孔隙水分布特性的试验研究 [J]．工程地质学报，2017，25（1）：73-79.

[147] 孔超，王美艳，史学正，等．基于低场核磁技术研究土壤持水性能与孔隙特征 [J]．土壤学报，2016，53（5）：1130-1137.

[148] 何耀，程柳，李毅，等．离子吸附型稀土矿的成矿机理及找矿标志 [J]．稀土，2015，36（4）：98-103.

[149] Deng Z X, Qin L, Wang G S, et al. Metallogenic process of ion adsorption REE ore based on the occurrence regularity of La in Kaolin [J]. Ore Geology Reviews, 2019, 112.

[150] 刘庆生, 李江霖, 常晴, 等. 离子型稀土矿浸出前后工艺矿物学研究 [J]. 稀有金属, 2019, 43 (1): 92-101.

[151] 赵芝, 王登红, 王成辉, 等. 离子吸附型稀土找矿及研究新进展 [J]. 地质学报, 2019, 93 (6): 1454-1465.